Mensch Computer Kommunikation 2
Herausgegeben von
Helmut Balzert und Gerhard Fischer

Michael J. Staufer

Piktogramme für Computer

Kognitive Verarbeitung, Methoden zur Produktion und Evaluation

W DE G

Walter de Gruyter · Berlin · New York 1987

Michael J. Staufer
Dipl. Psychologe, Wissenschaftlicher Mitarbeiter
am Institut für Psychologie der Universität
Erlangen-Nürnberg

CIP-Kurztitelaufnahme der Deutschen Bibliothek

Staufer, Michael:
Piktogramme für Computer : kognitive Verarbeitung, Methoden zur Produktion u. Evaluation / Michael Staufer. –
Berlin ; New York : de Gruyter, 1987.
(Mensch-Computer-Kommunikation ; 2)
ISBN 3-11-010917-4

NE: GT

Satz: Druckerei Appl, Wemding. – Druck: Gerike GmbH, Berlin. – Bindearbeiten: Dieter Mikolai, Berlin. – Umschlagentwurf: Hansbernd Lindemann.

Vorwort

Die modernen Informationstechniken dringen in alle Bereiche des Lebens ein. Sie stellen den Benutzer vor ein Interaktionsproblem: Was muß er tun, um das System für seine Zwecke einsetzen zu können? Die vorherrschenden Interaktionstechniken mit ihrer Betonung von syntaktischen Regeln, z.B. beim Gebrauch von Kommandos, haben sich dabei als eines der größten Hindernisse für eine schnelle und breite Akzeptanz computerunterstützter Systeme herausgestellt. Ein Indiz für diese Schwierigkeiten sind die oft umfangreichen, unterstützenden Systemfunktionen (Hilfe, Fehler). Daher ist die Suche nach Interaktionsmodi, die der menschlichen Art zu handeln und zu denken stärker entgegenkommen, zu einer Schlüsselfrage für eine benutzer- und aufgabenorientierte Systementwicklung geworden. In diesem Kontext ist die Verwendung von Piktogrammen einzuordnen: Als ein mit der Entwicklung des Xerox-Star beginnender Versuch, systematisch das Vorwissen des Benutzers über seinen Arbeitsbereich – in Form einer Analogie (Schreibtischmetapher) – zu nutzen und ihn mit durch Piktogramme symbolisierten Objekten und Werkzeugen hantieren zu lassen. An der vielversprechenden Weiterführung dieser Ideen, die Shneiderman etwas unscharf mit dem Begriff ‚direkte Manipulation' zusammengefaßt hat, wird derzeit intensiv gearbeitet, so daß die Beschäftigung mit den Voraussetzungen und Bedingungen für den Einsatz von Piktogrammen an Computern große Aktualität besitzt.

Das Werk von Michael Staufer ist der erste Versuch, den Wissenstand monographisch zu sichten und zu ordnen. Obwohl er Quellen aus verschiedenen Bereichen wie Informatik, Grafik-Design, kognitive Ergonomie nutzt, liegt das Hauptgewicht dem Gegenstand entsprechend auf psychologischen Sachverhalten. Die empirisch arbeitende Psychologie kann dabei in mehrfacher Hinsicht Hilfestellung leisten: Einmal inhaltlich, indem sie umfangreiches Grundwissen über kognitive Prozesse wie Wahrnehmung, Gedächtnis, Lernen, Handeln etc. bereitstellt, zum anderen methodisch, indem sie Wege zur empirischen Prüfung von Annahmen und zur Bewertung von Alternativen aufzeigt. Darüberhinaus kann sie unter arbeitswissenschaftlichem Aspekt normative Hinweise geben: Welche Form der Interaktion ist dem arbeitenden Menschen angemessen, durch welche wird er übermäßig belastet oder unterfordert?

Die Fülle der in dem Buch angesprochenen Gesichtspunkte läßt deutlich werden, daß gute Piktogramme nicht ohne Mitwirkung der betroffenen Benutzer geschaffen werden können. Dankenswerter Weise beläßt es der Autor nicht nur bei theoretischen Überlegungen, sondern beschreibt die Entwicklung eines Piktogramm-Satzes, der in Zusammenarbeit mit einem Hersteller entstanden ist, und der auch Eingang in ein auf dem Markt angebotenes System gefunden hat. So dürfte dieses, in gut verständlicher Sprache geschriebene Buch eine wertvolle Hilfe für diejenigen darstellen, die direkt oder indirekt an der Entwicklung und Evaluation moderner computerunterstützter Arbeitssysteme beteiligt sind: System-Entwickler, Industrie-Designer, Arbeitswissenschaftler und Arbeitspsychologen.

Helmut v. Benda

Inhalt

1. Problemstellung und Übersicht 1

2. Piktogramm 5

2.1.1 Definition 5
2.1.2 Das Kontinuum konkret-abstrakt 5
2.1.3 Angrenzende Termini 7
2.2.1 Historische Entwicklung von Piktogrammen 7
2.2.2 Von detailtreuer zu typisierender Darstellung 8
2.3.1 Bisherige Verwendung von Piktogrammen 9
2.3.2 Piktogramme und Computer 13

3. Bürotätigkeiten 17

3.1 Bürobereich und Piktogramme 17
3.2 Definitionen des Bürobegriffs 18
3.3 Spezifische Benutzergruppen 20
3.4 Allgemeine Tätigkeiten des Büros 24
3.5 Objekte des Büros 27

4. Eigenschaften des Benutzers 31

4.1 Definition von „Schnittstelle“ 31
4.2 Benutzerorientierte Gestaltung 32
4.3 Verständnis und Erfahrung mit Computern 33
4.4 Häufigkeit der Interaktion 36
4.5 Einstellungen 36
4.6 Angst versus Kontrolle 37
4.7 Alter 38
4.8 Motivation und Aufmerksamkeit 39
4.9 Intelligenz und Problemlösen 41
4.10 Arbeitsaufgaben 41
4.10.1 Strukturiertheit 41
4.10.2 Aufgabenprofil 43
4.11 Resümee 43

5. Kognitive Verarbeitung von Piktogrammen 45

5.1 Fragestellung 45
5.2 Der Gegenstand der Kognitiven Psychologie 45
5.3 Datengesteuerte und erwartungsgeleitete Informationsverarbeitung 46
5.4 Ebenen der Verarbeitung 50
5.5 Verarbeitungstiefe bei bildhaftem und verbalem Material 52
5.6 Konstituierende und propositionale Merkmale von Piktogrammen 57
5.7 Lokalisation von Piktogrammen 58
5.8 Piktogramme als semantische Prototypen 60

6. Gedächtniswirkung von Piktogrammen 65

6.1 Relevante Fragestellung 65
6.2 Klassifikation des Gedächtnisses 65
6.3 Kapazität für Bilder 66
6.4 Speicherung von bildhaftem Material 67
6.5 Gedächtnisleistung bei Piktogrammen und bei verbaler Informationsdarstellung 70

7. Mentale Modelle 73

7.1 Wahrnehmungszyklus der Mensch-Computer-Interaktion 73
7.2 Funktionen und Eigenschaften mentaler Modelle 75
7.3 Mentale Modelle von Computerbenutzern 76
7.4 Mentale Modelle beim Schnittstellen-Entwurf 79
7.5 Direkte Manipulation und Piktogramme 82

8. Ermittlung von Vorstellungen des Benutzers 87

8.1 Produktion von Piktogrammen mit Hilfe des Aufgabenwissens . 87
8.2 Bestimmung des Benutzermodells 88
8.2.1 Fragebogen 89
8.2.2 Interview 89
8.2.3 Beobachtung 92
8.2.4 Arbeitsanalyse 92
8.2.5 Einsatz der verschiedenen Methoden 93

9. Produktion von Piktogrammen 95

9.1 Verbale Beschreibung als Grundlage 95
9.2 Produktionsmethode 95
9.3 Ermittlung des semantischen Umfelds 97
9.4 Produzieren und Evaluieren auf dem Bildschirm 98
9.5 Gestaltungsspielraum des Benutzers 99
9.6 Berücksichtigung bereits bekannter Piktogramme 99

10. Gestaltpsychologische Kriterien zur Gestaltung von Piktogrammen . . 101

10.1 Gestaltpsychologie 101
10.2 Graphische Komponenten 102
10.3 Figur-Grund Beziehung 102
10.4 Kontur 103
10.4.1 Kontrast versus Linienbegrenzung 103
10.4.2 Geschlossenheit 105
10.4.3 Kontinuität 105
10.4.4 Symmetrie 106
10.4.5 Einfachheit 107
10.5 Anordnung mehrerer Piktogramme 107
10.5.1 Orientierung 107
10.5.2 Gleichheit und Nähe 108
10.5.3 Übereinstimmendes Verhalten 108

11. Allgemeine Richtlinien zur Gestaltung von Piktogrammen 109

11.1 Gestaltungsdimensionen 109
11.2 Ordnungsstrukturen und Stile 110
11.3 Externe Struktur von Piktogrammen 112
11.3.1 Darstellung von Objekten und Aktionen 113
11.4 Grenzen der Informationsdarstellung durch Piktogramme 116

12. Methoden der Piktogrammevaluierung 119

12.1 Evaluierungskriterien 119
12.2 Darbietungsmodus 119
12.3 Benennungstests 120
12.3.1 Wiedererkennungsmethode 120
12.3.2 Auswahlmethode 121
12.3.3 Mehrfachwahl-Verfahren 121
12.3.4 Zuordnungsmethode 121

12.4 Zeittests 121
12.4.1 Auswahl-Antwort Zeitverhalten 121
12.4.2 Paarassoziations-Lernaufgaben 123
12.5 Rating der Bildzeichen 123
12.6 Sonstige Evaluierungsmethoden 125
12.6.1 Lesbarkeitsentfernung 125
12.6.2 Semantisches Differential 125
12.6.3 Assoziationsnormen 127
12.7 Einschätzung der subjektiven Sicherheit 128
12.8 Iterativer Evaluierungsprozeß an einem Prototyp 128

13. Gesamtprozeß der Piktogrammentwicklung 131

14. Praktische Anwendung: Piktogramme für das System M32 135

14.1 Ausgangssituation 135
14.2 Ziele und Ablaufplan des empirischen Vorgehens 135
14.3 Benennungen aus dem Bürobereich 136
14.3.1 Problemstellung 136
14.3.2 Methodische Vorgehensweise 137
14.3.3 Ergebnisse der Befragung 138
14.3.4 Ausgewählte Benennungen 140
14.4 Produktion von Piktogrammen 141
14.5 Evaluation des Piktogrammsets 142
14.5.1 Methodisches Vorgehen 143
14.5.2 Ergebnisse der Befragung 143
14.5.2.1 Ablagesysteme im Büro 144
14.5.2.2 Allgemeine Büroobjekte 147
14.5.2.3 Posteingang/Postausgang 148
14.5.2.4 Spezielle technische Leistungsmerkmale 149
14.6 Kritische Betrachtung der Gesamtuntersuchung 152
14.7 Anlagen 153
14.7.1 Protokollbogen „Benennungen“ 153
14.7.2 Ursprüngliche Piktogrammentwürfe 155
14.7.3 Interviewleitfaden zur Evaluation 162

Literatur 173

Register 183

1. Problemstellung und Übersicht

Durch zunehmende Verbilligung der Hardware werden Computer fortlaufend kostengünstiger. Dies führt dazu, daß elektronische Datenverarbeitung in immer weitere Bereiche des Lebens Einzug hält, und damit in zunehmendem Maße Nicht-Fachleute mit der neuen Technik konfrontiert werden. Die Gefahren dieser Entwicklung liegen in einer übermäßigen Beeinflussung und Eingrenzung des menschlichen Handelns durch den Computer (WEIZENBAUM 1977; VOLPERT 1983).

Eine Antwort auf die Gefahr der „Computerisierung" (Mensch als bloßer Zulieferer des Computers) ist die Ergonomie (TROY 1983), also die bestmögliche wechselseitige Anpassung der Maschine an die Bedürfnisse des Menschen.

Im Laufe der Entwicklung wurden als erstes Unzulänglichkeiten der Bildschirmarbeitsplätze in Bezug auf physische Beanspruchungen offenbar. Inzwischen existieren auch schon einige Richtlinien, die darauf abzielen, körperliche Beschwerden, die bei Bildschirmarbeit auftreten, zu minimieren (z.B. CAKIR, HART & STEWART 1980).

Der Computer als „Denkmaschine" erzeugt jedoch darüber hinaus Beanspruchungen, die bei den bisherigen Werkzeugen zur Bewältigung der Arbeit nicht auftraten. Sogenannte „kognitive Belastungen" ergeben sich aus der ungenügenden Anpassung der Mensch-Computer-Schnittstelle an das informationsverarbeitende System des Menschen (ALLEN 1982).

Es ist nötig, die Dialog-Schnittstelle durch die Einbeziehung kognitiver Faktoren benutzerfreundlicher zu machen (DZIDA 1980). Software-Ergonomie ist eine notwendige Voraussetzung zur Schaffung menschenorientierter Computersysteme (FISCHER 1983).

Die vorliegende Arbeit ist in diesem Sinne zu werten. Bei den darin aufgeführten Gestaltungshinweisen für eine Mensch-Computer-Schnittstelle mit Piktogrammen ist der Endbenutzer nicht nur Ausgangspunkt beim Entwurf der Schnittstelle, sondern soll darüber hinaus in verschiedenen Phasen des Entwurfprozesses beteiligt werden.

Da der Einsatz von Mikroelektronik in zunehmend komplexere Aufgabenbereiche vordringt, werden sich verstärkt Piktogramme bei der Informationsdarstellung als Alternative anbieten. Obwohl sich die zunehmende Verwendung von Piktogrammen andeutet, existieren bisher noch keine umfassenden Forschungen zu dieser Problematik. Aus diesem Grund wird in dem vorliegenden Buch versucht, bereits bestehende Konzepte aus dem Gebiet der Hard- und Software-Ergonomie, der Arbeitswissenschaft, der Kognitiven Psychologie, der Betriebswirtschaft und aus dem Bereich Graphik und Design zu verwenden und im Rahmen des Themas „Piktogramme für Computer" zu integrieren.

Obwohl die benutzerorientierte Vorgehensweise am Beispiel des Bürocomputers demonstriert wird, sind die dargelegten Ergebnisse jedoch nicht auf den Entwurf von Schnittstellen für Bürocomputer beschränkt. Da die Arbeit auf allgemeinen theoretischen Erkenntnissen aufbaut, kann sie generell bei der Gestaltung von Mensch-Maschine-Schnittstellen zu Rate gezogen werden. Überall dort, wo sich die Verwendung von Bildzeichen anbietet, kann die hier geschilderte Vorgehensweise als Leitlinie dienen. Dies gilt für das Werkzeug Computer mit all seinen verschiedenen Anwendungsbereichen (z.B. Textverarbeitung, CAD) ebenso, wie für andere interaktive Geräte (z.B. Maschinen, Armaturenanzeigen).

Ein kurze Schilderung des inhaltlichen Aufbaus soll den breiten Anwendungsbereich der Arbeit belegen. Grob gesehen gliedert sich die Arbeit in zwei Teile:

- Der theoretische Teil besteht aus den Kapiteln 2 bis 7. Hier wird vor allem beschrieben, wie der Benutzer Bildzeichen und die Arbeitsaufgabe geistig verarbeitet. Dieser Teil ist zum tieferen Verständnis der Problematik nützlich, jedoch für den Leser mit Vorkenntnissen, der lediglich an der Entwicklung von Bildzeichen interessiert ist, nicht unbedingt nötig.
- Der anwendungsbezogene Teil in den Kapiteln 8 bis 14 erläutert verschiedene empirische Verfahren, mit denen Bildzeichen gewonnen und bewertet werden können. Als praktisches Beispiel wird die Entwicklung von Piktogrammen für ein Bürosystem geschildert.

Im folgenden werden die einzelnen Kapitel der Reihe nach kurz vorgestellt:

Kapitel 2 definiert den Begriff „Piktogramm" und zeigt die Unterschiede zwischen verbaler und bildhafter Informationsdarstellung. Es wird die historische Entwicklung und gegenwärtige Verwendung von Piktogrammen beschrieben, wobei die wichtigsten Anwendungsbereiche vorgestellt werden.

Kapitel 3 beschäftigt sich mit der Arbeitsaufgabe des Benutzers, in diesem Fall mit Bürotätigkeiten. Es wird versucht, Bürotätigkeit zu definieren, allgemein zu beschreiben und für verschiedene Benutzergruppen zu klassifizieren.

In Kapitel 4 wird die Eignung von Piktogrammen für verschiedene Benutzergruppen untersucht. Dabei werden Unterschiede bezüglich Erfahrung mit Computern, Angst, Alter, Motivation, Intelligenz und Arbeitsaufgabe besonders hervorgehoben.

Auch im Kapitel 5 steht der Benutzer im Mittelpunkt. Hier wird die kognitive Verarbeitung und Repräsentation von Bildzeichen diskutiert. Bestimmte Darstellungsformen für bildhafte Information werden vorgestellt.

Kapitel 6 beschäftigt sich damit, wie groß die Kapazität des Gedächtnisses für Piktogramme ist. Außerdem wird beschrieben, inwieweit die Detailhaltigkeit von Bildzeichen die Merkfähigkeit beeinflußt.

Kapitel 7 zeigt die Wechselwirkungen von Arbeitsaufgabe, Benutzerwissen und dem Werkzeug Computer. Es behandelt die Vorstellungen des Benutzers, mit deren Hilfe er seine Arbeit strukturiert und steuert. Dabei wird das Wissen bezüglich der Arbeitsaufgabe und das Wissen bezüglich der Interaktion mit dem Computer und den sich daraus ergebenden Konsequenzen beim benutzerorientierten Schnittstellen-Entwurf berücksichtigt. Die Vorteile direkt manipulativer Schnittstellen werden kurz erläutert.

Kapitel 8 ist das erste Kapitel aus dem anwendungsbezogenen Teil der Arbeit. Hier wird beschrieben, mit welchen Methoden (Fragebogen, Interview, Beobachtung, Arbeitsanalyse) die Vorstellungen des Benutzers ermittelt werden können, um als Grundlage bei der Piktogrammentwicklung zu dienen.

Kapitel 9 zeigt verschiedene Methoden mit denen Piktogramme bei bereits vorliegender Eingrenzung des relvanten Sachverhalts produziert werden können.

Kapitel 10 erläutert verschiedene gestaltpsychologische Kriterien, die zur graphischen Prägnanz eines Piktogramms beitragen.

Auch Kapitel 11 gibt Hinweise zur graphischen Gestaltung von Piktogrammen. Die Richtlinien beziehen sich auf Stile, Lokalisation von Piktogrammen auf dem Bildschirm, Ordnungsstrukturen und die Darstellung von Objekten und Aktionen. Außerdem wird gezeigt, welche Funktionen Piktogramme nicht erfüllen können.

In Kapitel 12 werden einige Methoden vorgeführt, mit deren Hilfe die Qualität von Bildzeichen bewertet werden kann.

In Kapitel 13 wird der gesamte Prozeß der Piktogrammentwicklung noch einmal überblicksartig dargestellt.

In Kapitel 14 wird das praktische Vorgehen an einem Beispiel, der Entwicklung eines Piktogrammsets für das System M32, erläutert.

2. Piktogramm

2.1.1 Definition

Der DUDEN erklärt Piktogramm als „formelhaftes, graphisches Symbol mit international festgelegter Bedeutung.“ DIETHELM (1976, p. 217) definiert Piktogramm als „Bilder, die sich auf einen realen Gegenstand beziehen, ihn aber, der klareren oder rascheren Information wegen, stilisiert oder typisiert wiedergeben.“
Das Wort Piktogramm setzt sich aus dem lateinischen „pictus“ (Bild) und dem griechischen „gramm“ (Geschriebenes) zusammen. Die wörtliche Übersetzung wäre folglich „geschriebenes Bild“ (STIEBNER & URBAN 1982).
Alle drei Erklärungen betonen unterschiedliche Aspekte der Bedeutungen von Piktogrammen. Als wichtigstes gemeinsames Merkmal ergibt sich die für Piktogramme typische Darstellungsweise. Sie ist relativ schnörkellos und abstrakt, losgelöst von allen graphischen Ausschmückungen. Das ideale Piktogramm sollte demnach so beschaffen sein, daß es repräsentativ für eine Klasse von Gegenständen oder Handlungen das Wesentliche darstellt.

Interessant ist die etymologische Bedeutung des Terminus. Die wörtliche Übertragung „geschriebenes Bild“ deutet darauf hin, daß Piktogramme sowohl Eigenschaften von schriftlicher Informationsvermittlung, als auch von bildhafter Darstellung aufweisen. Piktogramme stellen tatsächlich in gewisser Weise ein Bindeglied dar, welches zwischen den Polen alphanumerischer und bildhafter Informationsübertragung steht.

2.1.2 Das Kontinuum konkret-abstrakt

Aus der Umwelt wirken Reize verschiedenster Art auf den Menschen ein. Abb. 1 schematisiert auf welch unterschiedlichen Ebenen ein Individuum Information aufnehmen und sich zunutze machen kann.

Nach diesem Schema erfolgt das Erkennen und Wahrnehmen auf verschiedenen Stufen. Diese Stufen lassen sich durch den Grad ihrer Abstraktion unterscheiden. Sprache stellt eine sehr abstrakte Form dar, durch die Information übermittelt werden kann. Z. B. hat das geschriebene oder gesprochene Wort „Schriftstück“ nichts mit einem realem Schriftstück zu tun. Es handelt sich hier nur um eine willkürliche Zuordnung von visuellen bzw. akustischen Zeichen zu einem realen Gegenstand.

Beobachtung und eigenes praktisches Handeln sind dagegen konkretere Wege auf denen sich Erkenntnistätigkeit vollzieht. Piktogramme lassen sich sowohl

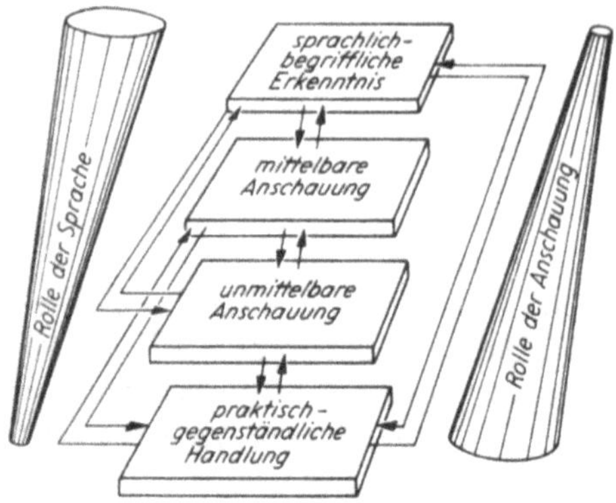

Abb. 1: Ebenen der Erkenntnistätigkeit (CLAUSS 1985, p. 173)

auf der Ebene mittelbarer, als auch auf der unmittelbarer Anschauung lokalisieren. Die jeweilige Zuordnung hängt vom Grad der Anschaulichkeit ab.

Eine maßstabsgetreue dreidimensionale Plastik zeichnet sich durch einen sehr hohen Grad von Anschaulichkeit aus. Auch ein Film, der noch zusätzlich das Element der Bewegung (raum-zeitliche Veränderung) beinhaltet, besitzt ein außerordentliches großes Maß an Anschaulichkeit.

In Gegenüberstellung mit diesen beiden Beispielen bildet ein Piktogramm die Realität ziemlich abstrakt ab. Jedoch im Vergleich zu sprachlich-verbalen Informationsträgern (sprachliche Laute, Schrift) enthält ein Piktogramm noch eine große Menge anschaulicher Qualitäten.

Das Ausmaß der Konkretheit bzw. Anschaulichkeit eines Piktogrammes ist definitorisch nicht festgelegt. Dies bleibt mehr der Intuition des jeweiligen Designers überlassen. Daß es dabei durchaus unterschiedliche Auffassungen gibt, zeigt Abb. 2:

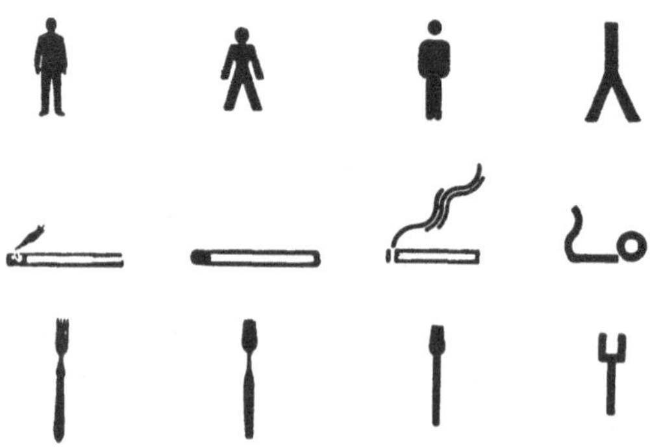

Abb. 2: Vier verschiedene Abstraktionsgrade unterschiedlicher Piktogramme (nach AICHER & KRAMPEN 1977. Zeichensysteme der visuellen Kommunikation, p. 119. Verlagsanstalt Alexander Koch, Stuttgart)

Diese, von vier verschiedenen Designern entworfenen Piktogramme zeigen stilistisch unterschiedliche Versionen des gleichen Gegenstandes. Dieselbe Bedeutung kann durch verschiedene Abstraktionsgrade dargestellt werden; das dabei verwendete Zeichen kann dennoch in jedem der Fälle als Piktogramm bezeichnet werden.

2.1.3 Angrenzende Termini

Eine terminologische Abgrenzung des Begriffs Piktogramm anhand des Abstraktionsgrades erscheint somit schwierig. Deshalb ist es nötig, auch verwandte Begriffe in ihrer Beziehung zu dem Begriff „Piktogramm“ zu erläutern.

Signal: Informations- und Zeichenträger. Diese sehr umfassende Definition gilt für alle Arten der Informationsübermittlung. Ein Piktogramm ist ein flächenhaft gespeichertes Signal.

Piktographie: Bezieht sich auf Schrift. Die Piktographie benutzt Bilder und Piktogramme als Schriftzeichen.

Ideogramm: Ein (Schrift)-Zeichen, das einen Begriff darstellt, ohne an Lautsprachen gebunden zu sein. Es besteht weder aus Buchstaben, noch aus Bildern. Ein Beispiel für ideographische Darstellung ist die chinesische Schrift, die nicht nach ihrem Wortlaut sondern nach dem Inhalt der Zeichen gedeutet wird. Im Laufe der Entwicklung wurde die anfängliche Bilderschrift immer mehr abstrahiert.

Symbol: Zeichen oder Bild, das eine nicht unmittelbar aus ihm ersichtliche Funktion ausdrückt (DIETHELM 1976). Der Terminus Symbol wird oft im Sinne von „abstraktere Darstellungen“ verwendet. Häufig wird „Symbol“ auch als Oberbegriff für alle gegenständlich orientierten Darstellungsweisen graphischer Art gebraucht. Die Termini „Symbol, symbolisch“ werden zuweilen synonym für „Piktogramm, piktogrammhaft“ benützt.

Icon, Ikon: Ein aus den USA stammender Begriff, der wahrscheinlich von den Schnittstellen-Entwerfern des Xerox-Star geprägt wurde (SMITH 1977). „Icon“ bezieht sich auf nicht-alphabetische Zeichen, die für Bürocomputer entwickelt wurden. Der Begriff wird sowohl für bildhafte, piktogrammähnliche Zeichen, als auch für relativ abstrakte Symbole verwendet.
Im deutschsprachigen Raum ist teilweise der entsprechende Begriff „Ikon, Ikonen“ gebräuchlich.

2.2.1 Historische Entwicklung von Piktogrammen

Bildzeichen dienten häufig als Zeichen sozialer Gruppenzugehörigkeit. In gewisser Weise zählen Wirtshausschilder, Zunftzeichen und heraldische Zeichen zu den Vorläufern von Piktogrammen (Abb. 3).

Abb. 3: Altes Wirtshausschild (STIEBNER & URBAN 1982, p. 260)

Diese Behauptung erscheint nur teilweise zutreffend. Zwar setzten diese Zeichen keine Kenntnis der Schrift voraus, um ihre Orientierungs- und Leitfunktion zu erfüllen, jedoch bringen sie in ihrer Darstellungstechnik noch stark die Persönlichkeit des Designers zum Ausdruck. Bei dem Piktogramm als Sachbild sollte der Designer Details und unnötige Variationen unterdrücken, um die wesentliche Bedeutung des Piktogramms schnell zu vermitteln.

Als einer der Begründer der Piktogrammforschung kann NEURATH (zitiert nach AICHER & KRAMPEN 1977, p. 102) gesehen werden: „Wir haben eine internationale Bildersprache hergestellt, (eine Hilfssprache), in die man Aussagen aus allen normalen Sprachen der Welt umsetzen kann". NEURATH meint, die Designer sollten von den Darstellungen primitiver Völker und aus Kinderzeichnungen lernen. Gleichzeitg warnt er davor, die Zeichen zu individuell zu gestalten und fordert eine Normung für Piktogramme, die im internationalen Rahmen eindeutig festgelegt werden sollte. Gerade heute, wo sich ein vermehrter Einsatz von Piktogrammen in vielen Bereichen der Technik und des Lebens andeutet, muß diese Forderung besonders beachtet werden.

2.2.2 Von detailtreuer zu typisierender Darstellung

Wesentlich problemloser als die Normierung scheint sich die Abstrahierung von Piktogrammen durchgesetzt zu haben. Daß die Entwicklung hin zur Abstraktion beinahe zwangsläufig ablief, veranschaulicht Abb. 4.

In Abb. 4 zeigt sich deutlich, wie das Bildzeichen im Laufe der Jahrzehnte immer abstrakter wurde. Dieser Abstraktionsprozeß setzt jedoch eine kognitive Umstrukturierung beim Benutzer – für den das Zeichen bestimmt ist – voraus.

Die gleiche Entwicklung kann auch bei Piktogrammen für Computer erwartet werden. Das bedeutet: Die Formalisierung eines Piktogramms kann nur schrittweise vollzogen werden. Falls ein Bildzeichen von sehr hohem Abstraktionsgrad neu eingeführt wird, kann es für den Benutzer ebenso abstrakt wie ein unbe-

Abb. 4: Zunehmende Abstrahierung und Standardisierung von Piktogrammen (nach AICHER & KRAMPEN 1977. Zeichensysteme der visuellen Kommunikation, p. 101. Verlagsanstalt Alexander Koch, Stuttgart)

kanntes Fremdwort sein. Die konkretere Phase bei der Gestaltung von Piktogrammen kann nicht übersprungen werden, um von Anfang an zu einer relativ abstrakten Darstellungsform zu kommen. Ist ein Piktogramm zu abstrakt, wird sich die Fähigkeit das Zeichen schnell zu verarbeiten, verringern. Vor allem am Anfang müssen diese Piktogramme, ähnlich einer neuen Schrift, erst mühsam erlernt werden.
Wird dagegen ein neueingeführtes Piktogramm sehr anschaulich gestaltet, erleichtert dies zwar das Erkennen des Zeichens für einen bestimmten Benutzerkreis. Für Benutzer mit anderem Erfahrungshintergrund kann jedoch eine solche detailgenaue, realistische Darstellung zu Erkenntnisschwierigkeiten führen, da sie einige der dargestellten Details nicht mit dem dazugehörigen Objekt assoziieren. Darüber hinaus verlangt eine detailtreue Abbildung entweder ein relativ hohes Auflösungsvermögen des Bildschirms oder eine umfangreiche flächenmäßige Darstellung des Piktogramms auf dem Bildschirm.

Es besteht ein Austauschprozeß (Trade Off) zwischen Knappheit und Verständlichkeit der Zeichen.

Prägnante, schnell erfaßbare Piktogrammme stellen eine Optimierung von Abstraktheit und Verständlichkeit dar. Diese Abstimmung gegenläufiger Variablen soll durch den Evaluierungsprozeß geleistet werden.

2.3.1 Bisherige Verwendung von Piktogrammen

In frühen Zeiten hatten Bildzeichen (Emblem, Wappen, Hinweisschild) die Aufgabe zu informieren und teilweise auch bestimmte Territorien abzugrenzen. Die Zeichen wurden auf Wände gemalt oder auf Schildern dargestellt.

Ein gesteigertes Interesse an Bildzeichen und Piktogrammen entstand jedoch erst um die Jahrhundertwende. Mit dem Einrichten internationaler Verkehrsverbindungen, der Vergrößerung des Eisenbahnnetzes und der Flugverbindungen wurde eine nicht-sprachgebundene, internationale Verständigungsform notwendig. Heute sind Bahnhöfe, Flughäfen und öffentliche Gebäude kaum mehr ohne Piktogramme vorstellbar. Piktogrammme fallen vor allem dann auf, wenn man sich in ungewohnter Umgebung (z. B. Ausland) befindet, weil sie dann diejenigen Informationsträger sind, die am leichtesten verstanden werden. In solchen Fällen dienen Piktogramme hauptsächlich als internationale Kommunikationszeichen.

Besonders deutlich wurde diese Funktion von Piktogrammen bei den Olympischen Spielen. Erstmals wurde ein Bildzeichensystem 1964 bei den Olympischen Spielen in Tokio weiträumig verwendet. Seitdem war jedes Gastgeberland darauf bedacht, einen eigenen Zeichensatz zu entwickeln. Dadurch entstanden auch weniger effektive Zeichensätze, die auf ästhetische Abgrenzung und Selbstdarstellung mehr Wert legten, als auf eine kompakte Beschränkung auf das Wesentliche.

Ähnliche Gefahren ergeben sich natürlich auch bei Piktogrammen für Computer von verschiedenen Herstellern, wobei hier die Nachteile für den Endbenutzer erheblich größer sein dürften. Für den Hersteller führen schwer erlern- und bedienbare Systeme längerfristig zu einem Absatz- und Imageverlust.

Tokio Mexiko München

Abb. 5: Piktogramme bei Olympiaden (nach FRUTIGER 1981, p. 143)

Komplexe Zeichensysteme, wie sie bei Olympiaden (Abb. 5) vorgestellt werden sind Leitsysteme, die auf einem einheitlichem graphischen Gestaltungsmuster aufbauen. Sie finden auch Verwendung in Gebäuden mit Publikumsverkehr, wie Behörden, Hochschulen, Krankenhäusern, Museen, Hotels, Einkaufszentren.

Leit- oder auch Orientierungssysteme dienen zur Information und Lenkung. Vorteilhaft ist, wenn sie sich durch systematische Formen, Formate und Farben auszeichnen. Aus diesem Grund lassen sich Piktogramme von Orientierungssystemen auch leichter untereinander additiv kombinieren. Im Idealfall sind die einzelnen Zeichen Basiselemente einer „Piktogrammsprache“.

Abb. 6: Normiertes Leitsystem (VAN MALDEREN & VAN LOOCK o. J. in STIEBNER & URBAN 1982, p. 308)

Abb. 6 zeigt ein normiertes Leitsystem, das zu verschiedenen Zwecken der öffentlichen Informationsvermittlung eingesetzt werden kann.

Bisher vorgestellte Piktogramme dienen hauptsächlich zur Informationsübermittlung auf internationaler Ebene. Neben diesem wichtigen Aspekt wurden Zeichensysteme jedoch auch zur Verwendung auf anderen Gebieten entwickelt. Interessant ist der folgende Entwurf (Abb. 7), der verschiedene Zweige der In-

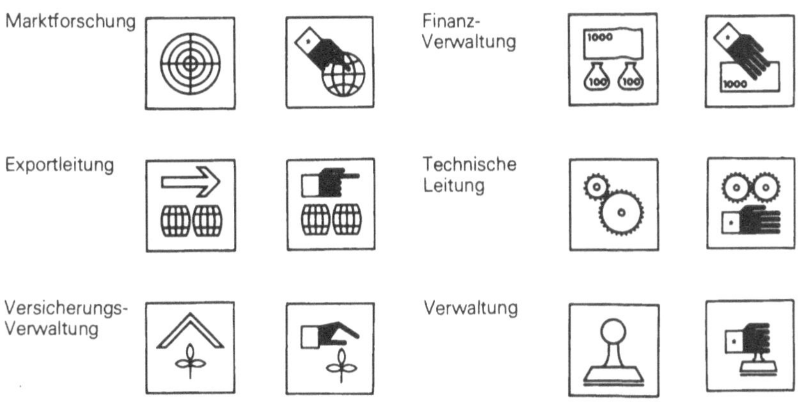

Abb. 7: Piktogrammdarstellung verschiedener Bereiche eines Betriebes (nach AICHER & KRAMPEN 1977, p. 104. Verlagsanstalt Alexander Koch, Stuttgart)

dustrieverwaltung in Piktogrammform darstellt. Ähnliche Zeichen können möglicherweise auch für Mensch-Computer-Schnittstellen verwendet werden. Hier wurden zunächst die Zweige der Verwaltung symbolisiert. Das Management ist durch Hinzufügen einer Hand dargestellt.

Vor allem in den letzten 20 Jahren wurden Piktogramme als Erkennungszeichen für Instrumente und Maschinen gebraucht (z.B. CAHILL 1975, 1976). Auf Armaturenbrettern von Kraftfahrzeugen sind heute die meisten Funktionen durch Piktogramme gekennzeichnet. Interessante Beschreibungen, Produktions- und Evaluierungsmethoden für Piktogramme auf KFZ-Armaturen gibt GREEN (1978, 1981). GREEN war einer der ersten, der die Einführung neuer Piktogramme empirisch-methodisch testete (Abb. 8).

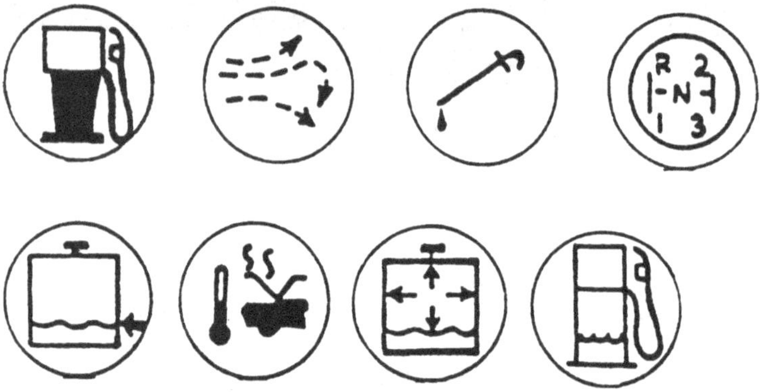

Abb. 8: Piktogramme für Automobilarmaturen (nach GREEN 1981)

Wesentliche Gründe für die Entwicklung derartiger Piktogramme dürfte der geringe Platzbedarf und das – bei nicht sprachlicher Informationsdarstellung – rasche Erkennen der relevanten Information sein.

Weiterhin erleichtern Piktogramme das Marketing und den Vertrieb im Ausland, weil sie nicht an eine bestimmte Landessprache gebunden sind und somit Zeit und Kosten für Übersetzungsaufwand entfallen.

Völlig andere Ursachen dürfte die Verbreitung von Piktogrammen als Sicherheitszeichen haben. Ein besoders wichtiger Aspekt von Bildzeichen in diesem Bereich ist, daß sie auch von Kindern und Analphabeten entschlüsselt werden können. Daneben dürfte vor allem die schnelle Erkennbarkeit dafür gesorgt haben, daß sie schriftliche Informationsträger ergänzt und teilweise auch verdrängt haben.

Die um die Jahrhundertwende entstandenen Verkehrszeichen haben sich fortlaufend differenziert und abstrahiert, aber dennoch bilden die relativ gegenständlichen Piktogramme immer noch ein entscheidendes Gestaltungselement.

Auch Feueralarmzeichen enthalten im starkem Maß Piktogrammdarstellungen. Die Verwendung begründet sich hier hauptsächlich auf der leichteren Verständlichkeit und schnelleren kognitiven Verarbeitung von Piktogrammen.

Abb. 9: Sicherheitszeichen (MODLEY & MYERS 1976, p. 136)

Interessanterweise wird bei den Sicherheitszeichen (Abb. 9) häufig zusätzliche Redundanz durch verbale Beschreibung geschaffen.

2.3.2 Piktogramme und Computer

Mit zunehmender Verbreitung von Mikrocomputern begann auch die Computerindustrie mit der Verwendung von Piktogrammen. Zuerst geschah dies als Hilfe bei Bedienungsanleitungen wie Abb. 10 zeigt.

Abb. 10: Piktogramme erklären den Umgang mit Disketten

Ende der 70er Jahre begann mit der Entwicklung des Bürocomputers Xerox-Star eine häufigere Anwendung von Piktogrammen als Gestaltungsmittel für den Bereich der Mensch-Computer-Schnittstellen.

Die Piktogramme in Abb. 11 und Abb. 12 dienen hauptsächlich dazu, Gegenstände des Bürobereichs auf dem Bildschirm darzustellen. Auf diesem Weg soll dem Bildschirmbenutzer die Bedienung erleichtert werden. Bisher wurden hauptsächlich *Objekte des Büros* piktographiert (Ordner, Dokument, Akte, Posteingangskorb,...). Übergreifende, prozeßhafte *Abläufe im Büro* wurden noch nicht durch Piktogramme visualisiert.

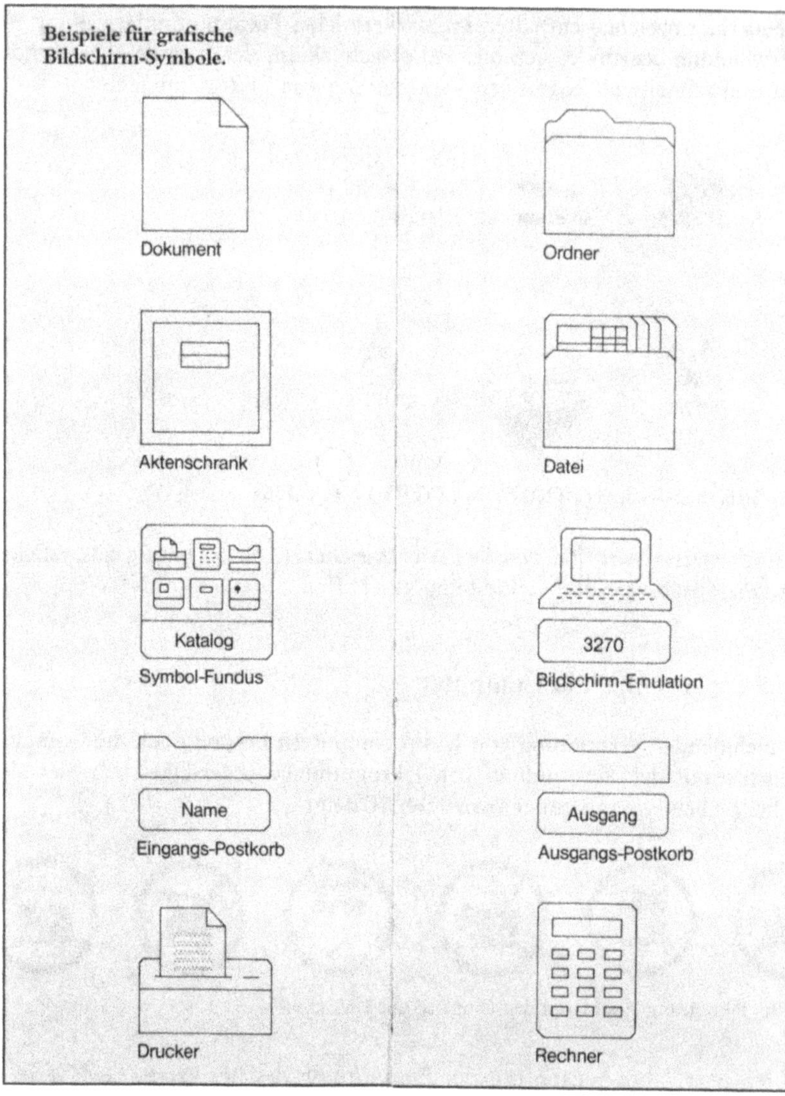

Abb. 11: Piktogramme des Xerox-Star (RANK XEROX o. J.)

Piktogramme werden in vielen Bereichen deshalb häufig verwendet, weil sie
- leicht entschlüsselbar sind,
- oft auch von Kindern und Analphabeten erkannt werden,
- international verständlich sind,
- auffallend,
- und trotzdem platzsparend sind.

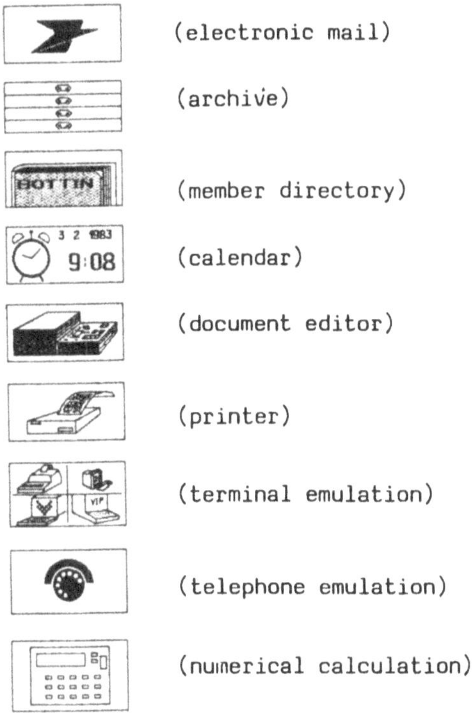

Abb. 12: Piktogramme der LEA-Bürosprache von INRIA (nach NAFFAH 1983. LEA: A language for multiapplication interaction on the buroviseur, p. 56. In: BALZERT, H. (Ed.). Berichte des German Chapter of the ACM Bd. 14. Software-Ergonomie. Stuttgart: Teubner).

Natürlich besitzt der Einsatz von Piktogrammen auch Grenzen, was in Kapitel 11, vor allem 11.4 näher erläutert ist.

Eine ausführliche Übersicht über vorhandene Piktogramme und Symbole geben MODLEY & MYERS (1976) oder auch DREYFUSS (1972).

3. Bürotätigkeiten

3.1 Bürobereich und Piktogramme

Das vorliegende Buch beschäftigt sich mit dem Einsatz von Piktogrammen, insbesondere mit Piktogrammen für Bürocomputer. Dies bedeutet zweierlei: Erstens, die zukünftigen Piktogramme werden an dem Arbeitsmittel „Arbeitsplatzcomputer im Büro" verwendet. Zweitens, die Piktogramme sollen den Benutzer im Sinne der Software-Ergonomie unterstützen. Ziel ist, den Lernaufwand herabzusetzen und die Interaktion bzw. die Arbeit im allgemeinen zu erleichtern, z. B. indem Analogien zur traditionellen Bürowelt gezogen werden.

Aus diesem Grund muß als erster Schritt in der Entwicklung von Piktogrammen eine möglichst exakte Beschreibung des Anwendungsbereiches (in diesem Fall „Büro") und den dabei bedeutsamen Hilfsmitteln vorgenommen werden. Daran anschließend können wichtige Elemente der Arbeitstätigkeit Piktogrammen zugeordnet werden. Die begriffsmäßige und inhaltliche Definition des Anwendungsbereichs kann auf drei Wegen herbeigeführt werden.

a: Auf empirischem Weg werden Kenntnisse über Büroarbeit direkt von den Benutzern gewonnen. Die Daten werden mit Hilfe verschiedener Methoden (siehe Kapitel 8) an einer Stichprobe der Benutzerpopulation erhoben.
Empirisches Vorgehen führt bei korrekter Durchführung zu validen und aktuellen Ergebnissen, hat jedoch den Nachteil, daß es ziemlich aufwendig ist. Ein weiterer Nachteil ist die Abhängigkeit der Ergebnisse von der untersuchten Stichprobe.

b: Der zweite Zugang, um Bürotätigkeiten zu kennzeichnen, ist, auf schon aus der Literatur bekannte Definitionen zurückzugreifen. Es ist dabei darauf zu achten, möglichst exakte Beschreibungen der für die Piktogramme relevanten Sachverhalte zu bekommen.
Hier liegt auch die Schwachstelle dieses Verfahrens: Je ungenauer und abstrakter die Definitionen sind, umso weniger Wert besitzen sie für die Erstellung von Piktogrammen. Außerdem berücksichtigt dieser Ansatz nicht die Veränderung und Entwicklung von Bürotätigkeiten, wie sie z. B. durch den Einsatz elektronischer Hilfsmittel geschieht.

c: Die dritte Möglichkeit, Bürotätigkeiten zu beschreiben, ergibt sich aus einem rein deduktiven Vorgehen. Als erstes wird eine Liste der auftretenden Bürotätigkeiten erstellt. Danach wird für jede einzelne Aufgabe der optimale Lösungsweg beschrieben.
Auf den ersten Blick erscheint diese Methode verblüffend einfach, weil sie das mühsame Sammeln empirischer Daten umgeht. Bürotätigkeiten sind je-

doch oft schwer einzugrenzen (SUCHMAN 1983) und lassen sich häufig nicht auf einen bestimmten Lösungsweg festlegen. Darüberhinaus würde ein solcher „one best way“ die Freiheitsgrade des im Büro Tätigen einschränken und zu Arbeitsunzufriedenheit führen.

Am effektivsten lassen sich Büroarbeiten untersuchen, wenn alle drei Wege gleichzeitig beschritten werden. Vor allem bei der Entwicklung eines Bürosystems sollte in jedem Fall der Benutzer empirisch befragt werden. Das Expertenwissen des Bürotätigen ist die Grundlage eines benutzerfreundlichen Systems.

Im folgenden Abschnitt sollen die in der Literatur vorhandenen Definitionsversuche des Bereichs „Büro, Büroarbeit, Arbeitsgeräte des Büros“ klassifiziert werden. Dabei wird vom traditionellen Büro ohne elektronische Datenverarbeitung ausgegangen. Die anschließende Analyse wird zeigen, inwieweit die vorhandenen Definitionen zur Produktion von Piktogrammen nutzbar sind.

3.2 Definitionen des Bürobegriffs

SUCHMAN (1983, p. 322) beurteilt die bestehenden Definitionen von Büroarbeit folgendermaßen: „. . .specification of even the most routine clerical work. . . is an unsolved problem. . .“. Sie begründet diese pessimistische Einschätzung mit der Unbestimmtheit (Softness), die realen Bürotätigkeiten zu eigen ist. Büroarbeit ist demnach ein ziemlich vager Vorgang, der sich nur sehr unzureichend durch eine feste, prozeßhafte Struktur beschreiben läßt.

Manche Autoren betrachten den Begriff „Büro“ unter dem ergonomischen Aspekt: „Das Arbeiten in geschlossenen Räumen mit überwiegend sitzender Beschäftigungsweise. . . (PETERS 1973, p. 38); . . .Arbeitsstätte für die vorwiegend geistig Tätigen und ihre Mitarbeiter, soweit sie Hilfsdienste für die Vorbereitung, Durchführung und Auswertung der geistigen Arbeit leisten“ (KLOIDT 1954, p. 462). Für die Erstellung von Piktogrammen sind derartige Definitionen unzulänglich.

Andere Ansätze bezeichnen Büroarbeit als „data-processing“, im Gegensatz zu „product-processing“. Das Büro dient hauptsächlich zur Verarbeitung abstrakter Inhalte (Informationen), während in der Produktion konkrete Werkstoffe bearbeitet werden (GAUGLER, 1979).

Der Informationsaspekt von Büroarbeit bezieht sich auf die Erstellung, Dokumentation, Speicherung von Text; außerdem auf das Sammeln von relevanten Daten und das Entwerfen von graphischen Veranschaulichungen (siehe Abb. 13).

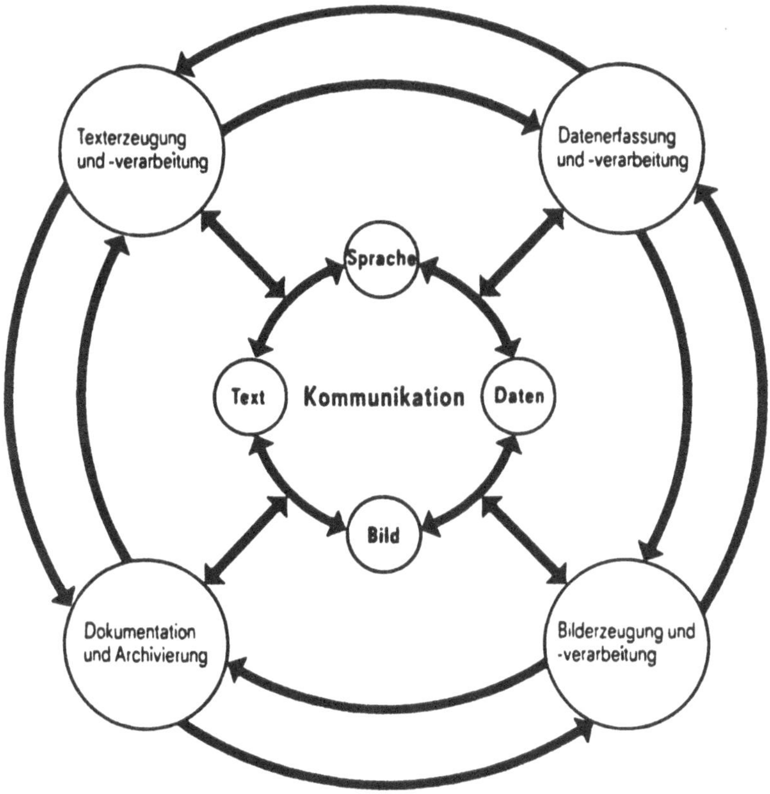

Abb. 13: Informationsfluß im Büro (zitiert nach MORGENBROD & SCHWÄRTZEL 1982, p. 239)

Auch für SZYPERSKI et al. (1982) spielt die Verarbeitung von Information und die damit verbundene Kommunikation die wesentliche Rolle bei der Definition des Bürobegriffs. Im Büro werden Informationen ausgetauscht, abgelegt, gesammelt, analysiert, umgeformt und erzeugt.

Eine solch theoretische Beschreibung von Büroarbeit ist nicht exakt genug, um als Gestaltungsgrundlage für Piktogramme zu dienen. Mit welchen Konzepten und Vorstellungen strukturiert der Benutzer seine Bürotätigkeiten? Lassen sich die Modelle von Büroarbeit eher Arbeitsplätzen oder eher bestimmten Benutzergruppen zuordnen? Wie ähnlich sind sich die Konzepte, die unterschiedliche Benutzer von Büroarbeit haben? Derartige Fragen blieben bisher leider unbeantwortet. Es ist zu hoffen, daß sich der Begriff der Büroarbeit mit zunehmender Forschung stärker strukturieren läßt.

3.3 Spezifische Benutzergruppen

In diesem Abschnitt wird versucht, Bürotätigkeiten anhand der vorhandenen Benutzergruppen zu ordnen.

Abb. 14: Zuordnung der Grundtypen zu Berufsgruppen (SZYPERSKI et al. 1982, p. 19)

Berufsgruppen	in TSD gerund.	in %
Führungsaufgaben		
Unternehmer, Geschäftsführer, Geschäftsbereichsleiter	544	
Speziell in Groß- und Einzelhandel,	6	
Banken, Versicherungen	5	
Abgeordnete, Minister, Wahlbeamte	7	
Leitende Beamte in öffentl. Verwaltung	31	
Summe	593	7%
Fachaufgaben		
Ingenieure und Naturwissenschaftler	457	
Groß- und Einzelhandelskaufleute	58	
Fachleute in Banken und Versicherungen	39	
Fachleute der öffentlichen Verwaltung	94	
Rechtsfinder, -vertreter, -berater	68	
Wirtschaftsprüfer, Steuerberater	63	
Ärzte, Zahnärzte, Tierärzte, Apotheker	180	
Hochschullehrer, Dozenten an Hochschulen, Akademien usw.	56	
Lehrer an Gymnasien, Real-, Volks-, Sonderschulen u. a. Schulen	520	
Unternehmensberater, Organisatoren, DV-Fachleute, Makler, Werbefachleute, Verbandsleiter	64	
Publizisten, Dolmetscher, Verlagskaufleute, Bibliothekare etc.	49	
Sozialarbeiter, Heimleiter u. a. Wirtschafts- und Sozialwissenschaftler, Statistiker	127	
Selbständige Meister im Handwerk	471	
Summe	2246	27%
Sachaufgaben		
Verwalter in Landwirtschaft und Tierzucht	9	
Technische Zeichner	103	
Groß- und Einzelhandelskaufleute	525	
Handelsvertreter, Reisende	150	
Sachbearbeiter in Banken und Versicherungen	456	
Speditionskaufleute	56	
Sachbearbeiter in Fremdenverkehr und Werbung, Makler, Verwalter, Vermieter etc.	53	
Sachbearbeiter in öffentlicher Verwaltung	188	

Abb. 14: Fortsetzung

Berufsgruppen	in TSD gerund.	in %
Kalkulatoren, Buchhalter	325	
DV-Sachbearbeiter	53	
Bürokräfte, Verwaltungsfachkräfte u. a. Sachbearbeiter	2559	
Rechtspfleger, Berufsberater, Bibliothekare	29	
Summe	4506	54%
Unterstützungsaufgaben		
Telefonisten	38	
DV-Operateure	26	
Bürogehilfen, Anwaltsgehilfen	143	
Bürolehrlinge, kfm. Lehrlinge, Finanzanwärter	160	
Stenografen, Stenotypisten, Maschinenschreiber, Sekretärinnen	369	
Datentypisten	38	
Bürohilfskräfte	56	
Sprechstundenhelfer	180	
Summe	1010	12%
Gesamt	8355	100%

SZYPERSKI et al. (1982) definieren Büroarbeit anhand vier grundlegender Aufgabentypen: Führungsaufgaben, Fachaufgaben, Sachbearbeitungsaufgaben und Unterstützungsaufgaben.

Bei *Führungsaufgaben* handelt es sich meist um Managertätigkeiten. Problemlösungsprozesse und das schnelle Verarbeiten von Information spielen hier eine bedeutsame Rolle.

Fachaufgaben (knowledge work) zeichnen sich vor allem durch das damit verbundene Fachwissen aus. Es sind oft kreative, sachbezogene Tätigkeiten, die sich schlecht strukturieren lassen.

Sachbearbeitungsaufgaben sind auch fachorientiert, lassen sich aber leichter strukturieren.

Unterstützungsaufgaben beinhalten meist Hilfsfunktionen. Sekretärinnen, Gehilfen und Lehrlinge sind die häufigsten Berufe dieser Fachgruppe. Abb. 14 zeigt die vier Kategorien mit Berufsbeispielen und der entsprechenden zahlenmäßigen Häufigkeit. Untersuchungen haben bestätigt, daß für die Gruppen der aufgabenbezogenen Klassifikation durchaus unterschiedliche Schwerpunkte bei den Bürotätigkeiten anfallen.

Aus der Gruppe der *Führungsaufgaben* sollen exemplarisch die Bürotätigkeiten des Managers illustriert werden.

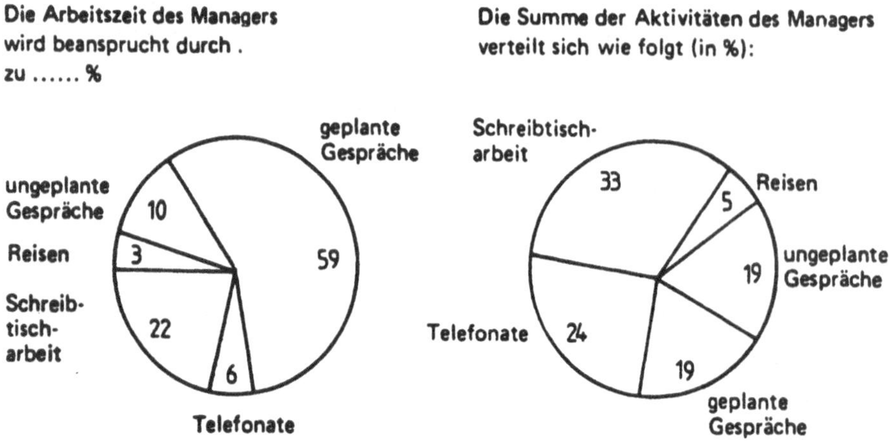

Abb. 15: Zeit- und Aktivitätsverteilung bei Managern (MINTZBERG 1973, p. 35)

Abb. 15 zeigt, daß Führungskräfte durchschnittlich ein Drittel ihrer Aktivitäten am Schreibtisch, also mit Büroarbeit verbringen. Trotz der Verfügbarkeit von Sekretärinnen stellt Büroarbeit einen beträchtlichen Teil des Arbeitsvolumens eines Managers.

Obwohl Beschäftigte der höheren Managementebene etwas weniger Bürotätigkeiten als die Führungskräfte niedrigerer Ebenen verrichten, zeigen sich bei vielen Arbeitstätigkeiten nur geringfügige Unterschiede.

Schreiben	17,2	Rechnen	5,8
Tippen	---	Post behandeln	5,0
Vergleichen & Sortieren	---	Lesen	7,4
		Korrekturlesen	2,5
Suchen	6,4	Telefonieren	12,3
Kopieren	0,6	Botengänge	---
Aktenablage	2,0	Gerätebenutzung	1,3
Ablage suchen	3,7		
		Sonstiges	6,7
			100 %

Abb. 16: Prozentuale Verteilung der Arbeitszeit bei Managern (nach MORGENBROOD & SCHWÄRTZEL 1979, p. 245)

Im oberen Teil der Tabelle (Abb. 16) sind die reinen Bürotätigkeiten des Managers zusammengefaßt. Um diese Elementartätigkeiten durch Piktogramme darstellen zu können, müßten sie noch weiter nach inhaltlichen und strukturellen Gesichtspunkten analysiert werden.

Als nächstes werden Bürotätigkeiten, welche sich bei *Fachaufgaben* und *Sachaufgaben* ergeben, untersucht. Der Sachbearbeiter muß sich Informationen beschaffen, Vorgänge bearbeiten, disponieren, beurteilen, ordnen und Entscheidungen treffen.

Hier ergibt sich ein prozentual gewichtigerer Anteil der Bürotätigkeiten an der Gesamtarbeitszeit, als bei Führungskräften. Bereits existierende Bürosysteme mit Piktogrammen wenden sich vor allem an diese Benutzergruppe. Leider gibt es über Fach- und Sachaufgaben nur sehr wenige empirische Studien. Eine Untersuchung von ENGEL et al. 1979, die bei 115 „clerical workers" durchgeführt wurde, bezieht sich hauptsächlich auf Sachaufgaben und ist deshalb auf den Bereich der Fachaufgaben nur bedingt übertragbar (Abb. 17).

Schreiben	7,3	Rechnen	10,3
Tippen	7,8	Post behandeln	---
Vergleichen & Sortieren	5,2	Lesen	2,9
		Korrekturlesen	---
Suchen	10,2	Telefonieren	9,2
Kopieren	3,9	Botengänge	0,2
Aktenablage	5,9	Gerätebenutzung	6,3
Ablage suchen	---		
		Meetings	1,9
		Formulare ausfüllen	8,3
		Dokumente prüfen	10,4
		Sonstiges	9,4
			100%

Abb. 17: Zeitliche Arbeitsverteilung bei Sachbearbeitern (nach ENGEL et al. 1979, p. 406)

Es fällt auf, daß relativ viel Zeit (10,2%) für Informationssuche verwendet wird. Die Autoren geben für die 115 untersuchten Sachbearbeiter darüberhinaus an, daß 41,9% bis zu 58% der Arbeitszeit mit der Bearbeitung von Papier verbracht wird. Sofern es sich um standardisierbare Arbeitsaufgaben mit Routinecharakter handelt, deutet dies auf Einsatzmöglichkeiten für Bürocomputer hin.

Als letzte Gruppe werden Arbeitstätigkeiten von 123 *Sekretärinnen* exemplarisch für die Gruppe der Unterstützungsaufgaben untersucht (Abb. 18). Zentrale Aufgabe der Sektretärin ist die Textverarbeitung; dazu gehören auch das Sammeln, Ablegen und Ordnen von Unterlagen. Weiterhin wird von der Sekretärin die Terminplanung für den Vorgesetzten und das Betreuen von Gästen erwartet.

Tätigkeit	%	Tätigkeit	%
Schreiben	3,5	Rechnen	
Tippen	37,0	Post behandeln	9,5
Vergleichen	2,6	Lesen	1,7
& Sortieren		Korrekturlesen	3,9
Suchen	---	Telefonieren	10,5
Kopieren	6,2	Botengänge	2,2
Aktenablage	4,6	Gerätebenutzung	1,3
Ablage suchen	2,8		
		Stenographieren	5,5
		Meetings	4,3
		Terminkalender	2,6
		Sonstiges	2,0
			100%

Abb. 18: Zeitliche Arbeitsverteilung bei Sekretärinnen (nach ENGEL et al. 1979, p. 404)

Schreibmaschineschreiben ist die häufigste Tätigkeit bei Sekretärinnen. Je nach Stellung verbringen sie 26% bis 45% ihrer Arbeitszeit damit. Auch Kopieren und das Bearbeiten der Post beanspruchen einen erheblichen Zeitanteil der Sekretärin. Wahrscheinlich wird der Zeitanteil für Gerätebenutzung in Zukunft wegen fortschreitender Automation (SCHNUPP 1982) zunehmen.

Ein multifunktionaler Bürocomputer scheint für diese Benutzergruppe wenig Erleichterung zu bringen, da Basistätigkeiten des Bürobereichs (Postbearbeitung, Schreibmaschineschreiben und Kopieren) über die Hälfte der Arbeitszeit beanspruchen, und kreative Tätigkeiten (Schreiben, 3,5%) eher selten sind.

Jedoch hat gerade in diesem Bereich der Einsatz automatischer Textverarbeitung eine stark entlastende Wirkung. Eine genauere Behandlung des Rationalisierungspotentials bei Textverarbeitung liefern GROCHLA et al. (1983).

Die Vergleichbarkeit der aufgeführten Untersuchungen ist nur bedingt gegeben, da von unterschiedlichen Stichproben ausgegangen wurde. Weitere Untersuchungen wären nötig, um vor allem qualitative Aspekte der einzelnen Aufgabentypologien herauszuarbeiten.

3.4 Allgemeine Tätigkeiten des Büros

Wenn sich auch die zeitliche Verteilung der Tätigkeiten in verschiedenen Aufgabenbereichen unterscheidet, so ergeben sich dennoch bei unterschiedlicher Sachbezogenheit viele gemeinsame Elemente der Büroarbeit.

Ein übergreifendes Kriterium aller Bürotätigkeiten ist das *Bearbeiten von Papier*, das z.B. in Form von Geschäftsbriefen, Unterlagen und Dokumenten auftritt. Dazu zählen das Bearbeiten von ankommender Post, das Organisieren und Ordnen der Information in verschiedene Akten, das Ausfüllen von Formularen, das Schreiben, Editieren und Formatieren von Text, das Kopieren, das Versenden von Unterlagen und möglicherweise auch das Erstellen von Graphiken.

Im Laufe der *Texterstellung* sind oft Änderungen erforderlich, um den Text in eine angemessene Form zu bringen. Das Editieren und Formatieren von Texten beinhaltet eine Vielzahl von Funktionen: Zentrieren, Absatz bilden, Einrücken, Ausrücken, Tabulator setzen, Zeilenabstand bestimmen, Seiten numerieren, ... Es erscheint sehr schwierig, alle diese Funktionen durch Piktogramme darzustellen.

Wahrscheinlich ist es zweckmäßiger nur die Oberbegriffe zu visualisieren. Dafür bieten sich folgende Funktionen an: Cursorsteuerung, Formatieren, Korrigieren, Schriftarten, Schriftdicke, Unterstreichen, Textbausteine, Blockbefehle. Auch die Möglichkeit Tabellen und Graphiken anzufertigen, sollte zusätzlich gekennzeichnet sein.

Darüberhinaus ergibt sich im Büro auch die Notwendigkeit zu *Disponieren*, Termine und Reisen zu vereinbaren. Hier kann der Bürocomputer mit einem „elektronischen Terminkalender" Unterstützung leisten.

Andere Tätigkeiten, die direkt mit *Kommunikation* verbunden sind, wie Telefonieren, das Vorbereiten von Besprechungen, lassen sich durch den Bürocomputer in geringerem Maße unterstützen.

Ein häufiger Bestandteil von Büroarbeit ist es, *Berechnungen* durchzuführen. Besonders wichtig wird dieser Aspekt bei buchhalterischen Tätigkeiten. Kontenführung, Rechnungsstellung, Buchen, Prüfen und Kontrolle sind dort zentrale Anforderungen.

Einen weiteren wichtigen Bereich der Büroarbeit nehmen *Registraturtätigkeiten* ein. Darunter wird im allgemeinen das Verwalten von Akten und das Führen von Karteien verstanden. Häufig wiederkehrende Tätigkeiten sind Speichern, Katalogisieren, Blättern, Ablegen, Archivieren und Suchen. Informationen sind nach festgelegten Kriterien in Akten und Ordnern gespeichert. Mittels eines Suchprozesses werden die Informationen bei Bedarf wieder beschafft.

Die Mehrheit der Büroarbeitsplätze sind Mischarbeitsplätze, die textverarbeitende, sachbearbeitende und verwaltende Funktionen beinhalten (GAUGLER et al. 1979). Das zeigt sich auch an einer Auflistung der Möglichkeiten von DV-Unterstützung bei den vier angeführten Benutzergruppen (Abb. 19). Da das Tätigkeitsspektrum entsprechend breit ist, werden in jedem Aufgabenbereich immer eine ganze Reihe unterschiedlicher DV-Funktionen benötigt.

Funktion \ Bedarfsträger	Führungsaufg.	Fachaufgaben	Sachbearbeitg.	Unterst.aufg.
Informationsverarbeitung:				
– Textbausteine	+	+ +	+ + +	
– Bürosprache	+ +	+	+	
– Textanalyse		+ +		
– Hilfe zur Texterstellung		+ +	+	
– Spezielle Speicherorganisation	+	+ +	+	
– Programmierung		+		
– Arbeitsplanung u. Kontrolle	[+ + +]	[+ + +]	+	
Informationsbearbeitung				
– Korrespondenzhilfen	+	+	+ +	+ +
– erweitertes Editing		+ +		+ +
– Graphiken	+	+ +	+	+
– Bilder		+	+	
– Zoom		+	+	
– Protokoll der Kommunikation	+	+	+	+
– Daten-Masken			[+ + +]	
– Daten-Neuformatierung		+ +	+ +	
– Ltg. v. Comp.-Conferences		+		
Speicherung				
– DBMS	+	+ +	+ + +	+
– unformatierte Daten	+ +	[+ + +]	+	+ +
– spezielle Services	+	+	+	+ +
– persönliche Datenbasis	+ +	+ +	+	+
– Anschluß mobiles Gerät	+	+ +	+ +	
– Diktatspeicher	+	+	+	
Übertragung				
– autom. Verteiler	+	+	+ +	
– autom. Verbindungsaufbau	+		+	
– Ankündigung e. Kommunikation	+	+	+	
– autom. Rückruf	+	+	+	

Bedarf: + vorhanden, + + groß, + + + sehr groß
Voraussetzung für Akzeptanz: [ ]

Abb. 19: Bedarf an speziellen Funktionen im Büro (SZYPERSKI et al. 1982, p. 66)

3.6 Objekte des Büros

Die bei traditioneller Bürotätigkeit benötigten Geräte, können vor allem bei der Produktion von Piktogrammen nützliche Ansatzpunkte liefern. In diesem Abschnitt wird deshalb eine Auflistung relevanter Objekte und Tätigkeiten des Anwendungsbereichs Büro versucht.

Das wichtigste Arbeitsmittel ist zur Zeit noch das Blatt *Papier*, das meist in der genormten Größe DIN A4 verwendet wird. Zum Bearbeiten des Papiers werden *Schreibgeräte*, wie Kugelschreiber, Bleistift, Farbstift oder die *Schreibmaschine* verwendet.

Zentraler Arbeitsort des Büros ist der *Schreibtisch*. Auf ihm befinden sich die gerade bearbeiteten *Schriftstücke*. Die ankommende *Post* wird meist in den *Posteingangskorb* gelegt. Sie wird mit dem *Brieföffner* geöffnet und inhaltlich sortiert. Unwichtige Papiere wandern in den *Papierkorb*, wichtige Unterlagen werden entweder sofort bearbeitet, oder in *Hängetaschen*, *Heftern* oder *Ordnern*, die nach Sachbegriffen alphabetisch, ortsalphabetisch, numerisch oder chronologisch geordnet sind, aufbewahrt. Neben den genannten Aufbewahrungsorten für *Dokumente* gibt es auch noch *Staffelmappen* und *Aktenschränke*.

Ein *Memo* erinnert den Bürotätigen an die Post, die er noch zu erledigen hat. Zum Verfassen eines Briefes benötigt der Sachbearbeiter als *Nachschlagewerk* das Fremdwörterlexikon, das auf dem *Bücherregal* steht. Auf dem Regal befinden sich *Ringbücher*, *gebundene Bücher* und eine *Lose-Blatt-Ablage*.

Aus *Textbausteinen* und den vorher gemachten *Notizen* fertigt er den *Geschäftsbrief* an. Nachdem das Schreiben mit einem adressierten *Briefumschlag* versehen ist, wird es in dem *Postausgangskorb* abgelegt.

Als nächstes ist ein Formular auszufüllen. Dazu benötigt der Büroarbeiter den *Katalog* mit den *Preislisten*, um in die *Tabellen* die Werte, die er vorher mit dem *Taschenrechner* bestimmt hat, einzutragen.

Mit Hilfe des *Lineals* und des *Zirkels* entwirft der Facharbeiter noch eine *Graphik*, die zur weiteren Erläuterung dienen soll. Nachdem einige Fehler mit *Tipp-Ex* und *Radiergummi* korrigiert sind, ist die *Zeichnung* fertig. Mittels *Schere* und *Klebstoff* wird sie dem *Kurzbericht* hinzugefügt.

Der Sachbearbeiter legt diesen erst einmal in die dazugehörige *Mappe*, die durch das betreffende Thema, den Autor und das Datum in einem *Ablagefach* der *Ablage* klassifiziert ist. Dabei bemerkt er, daß die Telefonnummer des Kunden nicht vorhanden ist. Deshalb sucht er im *Telefonbuch* und notiert sie im *Verzeichnis*.

Ein Blick auf die *Uhr* erinnert ihn an einen Termin. Er verläßt das Büro um an einer Konferenz teilzunehmen.

Diese kurze Skizzierung von Bürotätigkeiten und den dabei verwendeten Objekten möge hier genügen. Es sollte noch erwähnt werden, daß sich bei verschiedenen Benutzern unterschiedliche Präferenzen ergeben, was Abb. 20 belegen soll.

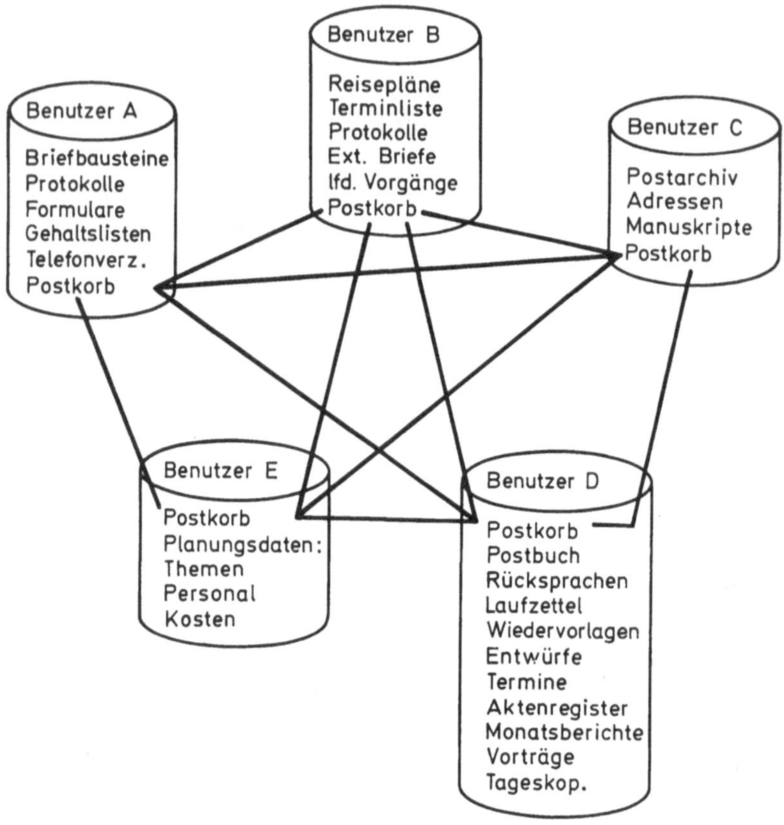

Abb. 20: Objekte des Büros bei verschiedenen Benutzern (DOEHLER 1981, p. 108)

Manche betriebswirtschaftlich orientierte Schriften vermitteln die Ansicht, Büroarbeit müsse, ähnlich wie bei der Fließbandfertigung, in möglichst kleine Arbeitsschritte unterteilt werden, um ein kostengünstiges Ergebnis zu erzielen. Dementsprechend sind z. B. in vielen Verwaltungen der Ablauf und Inhalt der Vorgangsbearbeitung fest vorgegeben. TAYLOR (1911), der für eine Trennung von Arbeitsplanung und Arbeitsausführung plädierte, hat auch die Arbeitsplanung im Büro stark beeinflußt. Bürocomputer können eine ganzheitliche Bearbeitung von Vorgängen ermöglichen, weil sie dem Benutzer manche Arbeitsabläufe erleichtern.

SUCHMAN (1983) hält die formal, prozeßhafte Beschreibung von Bürotätigkeiten für unzureichend, weil gerade im Büro die unstrukturierten, informellen Aktivitäten sehr häufig sind. Die Organisation von Bürotätigkeiten entsteht ihrer Meinung nach primär aus dem praktischen Handeln der Beteiligten und ist nicht per definitionem prozeßhaft vorgegeben.

Aus diesem Grund ist es unerläßlich, die subjektive Organisation von Bürotätigkeiten bei den Beteiligten zu ermitteln (Kapitel 8) und ihnen auch bei der Arbeit mit dem Bürocomputer Spielräume zu lassen.

4. Eigenschaften des Benutzers

4.1 Definition von „Schnittstelle“

Leider existiert zur Zeit keine verbindliche Definition des Begriffs „Schnittstelle“. Die Autoren der Fachliteratur gebrauchen ihn in unterschiedlichen Bedeutungszusammenhängen. HOPPE & ZIEGLER (1985) geben einen guten Überblick über die derzeitigen Definitionen von Schnittstellen und den damit verbundenen Modellvorstellungen. Abb. 21 verdeutlicht den Unterschied zwischen Benutzer- und Anwendungssystem-Schnittstelle:

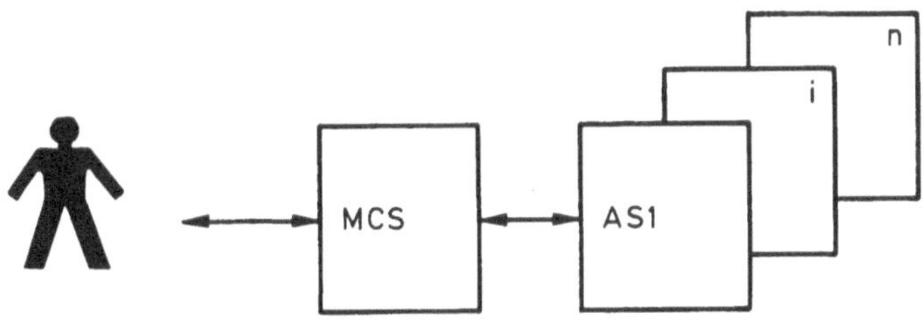

Abb. 21: Die Mensch-Computer-Schnittstelle in Beziehung zu verschiedenen Anwendungssystemen (nach BALZERT 1987)

Beim Entwurf der Benutzerschnittstelle sollten die Funktionen der geplanten Anwendungssysteme (z. B. Textsystem) und deren Schnittstellen sicher mitbedacht werden. Das vorliegende Buch konzentriert sich jedoch auf die Mensch-Computer-Schnittstelle, die folgendermaßen definiert werden soll:

Die Mensch-Computer-Schnittstelle umfaßt alles, was zur Interaktion oder zum Dialog notwendig ist. Dazu gehören Eingabeinstrumente wie z. B. Tastatur, Maus, Joystick, Mikrophon und Ausgabemedien wie Bildschirm, Drucker oder akustische Ausgabe. Im speziellen gehören dazu auch die Benutzeroberfläche mit der dazugehörigen Software wie Bildschirmmasken, Benutzerführung, Hilfesysteme.

Die Bezeichnung „Schnittstelle“ bedeutet hier ausschließlich die Mensch-Computer-Schnittstelle. Andere Schnittstellen, wie z. B. die zwischen verschiedenen Anwendungssystemen werden besonders hervorgehoben.

4.2 Benutzerorientierte Gestaltung

„First principle: Know the user“ (SHNEIDERMAN 1979, p. 10). Den Benutzer zu kennen und richtig einzuschätzen, ist das erste Kriterium bei dem Entwurf eines neuen Systems. Aus diesem Grund sollten auch bei der Entwicklung von Piktogrammen im Rahmen der Schnittstellengestaltung Benutzervariablen hinreichend berücksichtigt werden.

Wird ein System nicht nach den Bedürfnissen der Benutzergruppe konzipiert, so können erhebliche Akzeptanzschwierigkeiten auftreten. Inkompatibilität von Schnittstelle und Benutzerbedürfnissen kann folgende Konsequenzen haben:

- Das Gerät wird nach anfänglichen Frustrationen überhaupt nicht mehr benutzt und dient nur noch als Statussymbol im Vorzimmer des Chefs.
- Das Gerät wird nur noch partiell benutzt. Diejenigen Tätigkeiten, die am Computer nicht verstanden werden, werden weiterhin nach alten Mustern erledigt.
- Der Umgang mit dem Computer wird an einen rangniedrigeren Beschäftigten delegiert. Dadurch werden die Möglichkeiten des Geräts zwar ungenügend ausgeschöpft, jedoch ist der eigentliche Benutzer von dem lästigen Umgang mit dem Computer befreit. Der Untergebene fungiert als Vermittler zwischen Computer und Benutzer (human interface).
- Die Diskrepanz zwischen Schnittstelle und Benutzer kann zu einer willkürlichen Veränderung der Regeln des Systems führen.
- Andererseits kommt es auch vor, daß Arbeitstätigkeiten entsprechend den Anforderungen des Systems modifiziert werden (computer tunnel vision).

Für den Benutzer werden derartige Anpassungsvorgänge als sehr unangenehm erlebt (EASON & DAMODARAN 1981). Deshalb ist es wichtig, Informationen über die zukünftigen Benutzer zu haben. „Know the user“ bedeutet bei der Entwicklung von Piktogrammen zweierlei:

Erstens, die allgemeinen Merkmale der menschlichen Informationsverarbeitung bei der Gestaltung von Piktogrammen mit einzubeziehen. Zweitens, Piktogramme auf ihre Brauchbarkeit hinsichtlich unterschiedlicher Benutzer des Computers zu prüfen.

Es muß davon ausgegangen werden, daß der Umfang und die Variabilität der potentiellen Benutzergruppe sehr groß sein kann. Wahrscheinlich wird in Zukunft der Computer für viele Menschen im Berufsleben und in der Freizeit eine zunehmend wichtigere Rolle spielen. Keineswegs alle Benutzer werden von Piktogrammen begeistert sein. In diesem Zusammenhang werden einige Dimensionen aufgestellt, nach denen sich die Benutzer ordnen lassen. Danach wird die Wirkung von Piktogrammen bezüglich jeder dieser Dimensionen abgeschätzt.

4.3 Verständnis und Erfahrung mit Computern

Als erste Dimension soll die Erfahrung im Umgang mit Computern untersucht werden. „Erfahrung mit Computern" erstreckt sich über ein weites Spektrum. Es reicht von dem Anfänger ohne Erfahrung, bis zum geübten Experten, der Systemzusammenhänge durchschaut.

Zusätzlich zu der Dimension „Erfahrung" schlägt NORMAN (1982a) noch die Dimension „Verständnis" zur Klassifikation der Benutzer vor. Die Benutzerpopulation läßt sich dann in folgendes Vierfelderschema unterteilen (Abb. 22):

		ERFAHRUNG	
		wenig	viel
VERSTÄNDNIS	viel	A: Systementwerfer	B: Experte
	wenig	C: Anfänger	D: typischer Benutzer

Abb. 22: Klassifikation der Benutzer durch die Dimensionen „Erfahrung" und „Verständnis" (nach NORMAN 1982a)

„Erfahrung" wird anhand der Zeit, die im Umgang mit dem Computer verbracht wurde, gemessen. „Verständnis" bedeutet hier, inwieweit der Benutzer die tieferen Zusammenhänge des Systems kennt.

Die häufige Unterscheidung zwischen Anfänger (novice) und Experte, ist somit komplizierter als üblicherweise angenommen wird. Experten wird im allgemeinen ein hohes Maß an Erfahrung und Verständnis zugeschrieben. Anfänger hingegen besitzen weder Erfahrung, noch Verständnis im Umgang mit Computern.

Durchschnittsbenutzer gehören jedoch keiner dieser Gruppen an. Der typische Benutzer („D") hat oft langjährige Erfahrung mit Computern, kennt tiefere Zusammenhänge und Funktionsweisen jedoch nur wenig.

Das andere Extrem ist der Schnittstellen- bzw. System-Entwerfer („A"). Er kennt das System und vielleicht auch die Regeln menschlicher Informationsverarbeitung, hat jedoch häufig nur geringe praktische Erfahrung in der längerfristigen Interaktion mit dem Computer. Darüberhinaus besitzt er häufig nur sehr oberflächliche Kenntnisse über die praktische Anwendung.

Das Wissen des Benutzers läßt sich beinahe in beliebig viele Dimensionen einteilen. Besonders bedeutsam sind das aufgabenrelevante und das Interaktions-Wissen. Meist besitzt der Benutzer sehr viele Kenntnisse über die Arbeitsaufgabe, die er im Kontext ohne DV-Unterstützung gesammelt hat (siehe auch Kapitel 7 „Mentale Modelle"). Dagegen kennt der Schnittstellen-Entwerfer die Arbeitsaufgaben des Benutzers häufig nur in sehr unzureichendem Ausmaß.

Aufgrund dieses Mangels an Praxis, sollte bei der Schnittstellen-Entwicklung unbedingt auch die zukünftige Benutzergruppe miteinbezogen werden. Nur so kann der Schnittstellen-Entwerfer ausreichende Kenntnisse über das zukünftige Anwendungsgebiet des Computers erwerben. Die Arbeitsinhalte müssen angemessen auf der Schnittstelle dargestellt sein.

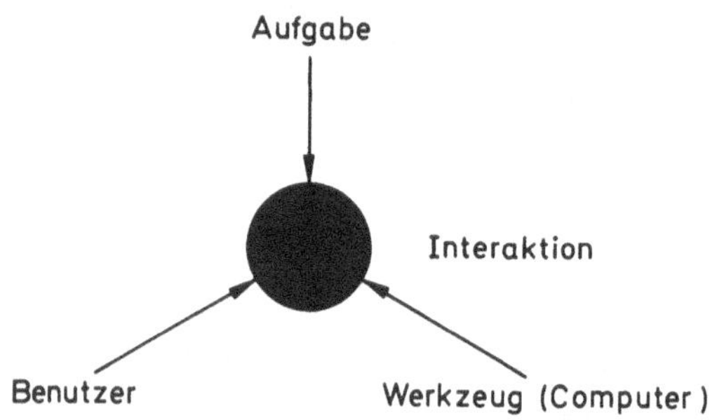

Abb. 23: Triade der Interaktion

Das Ergebnis der Interaktion ergibt sich aus den drei Variablen Benutzer, Arbeitsaufgabe und dem zur Verfügung stehendem Computer (Abb. 23).

Während des Umgangs mit Computern gelangt der Benutzer von Feld „C" zu „D", sehr wenige erreichen das Feld „B". An Bürocomputern werden hauptsächlich Benutzer der Felder „C" und „D" arbeiten.

Vor allem für die Gruppen „C" und „D", sind Piktogramme als benutzerfreundliche Maßnahme zu werten. DU BOULAY et al. (1981) fordern, daß für *Anfänger* die Schnittstelle *einfach und sichtbar* sein muß. Auch wenn es Experten als umständlich und wenig elegant empfinden, sind für Computer-Neulinge anschauliche Analogien sehr hilfreich.

Anfängern wird durch den konkreten, abbildhaften Charakter von Piktogrammen eine wertvolle Lernhilfe gegeben. Leicht assoziierbare Bildzeichen verringern die kognitive Belastung, die durch Neueinführung eines Informationssystems entsteht.

Auch Benutzer der Gruppe „D" profitieren von der Verwendung von Piktogrammen. Hier können Piktogramme als platzsparendes Strukturierungsmittel der Arbeitsinhalte dienen.

Dieselbe Funktion können Piktogramme natürlich auch bei Experten erfüllen. Jedoch ist zu befürchten, daß bei Benutzern der Gruppe „B" die Nachteile die Vorteile von Piktogrammen überwiegen. Ein sehr routinierter Benutzer, der an zügiges Arbeiten gewöhnt ist, könnte Piktogramme als verlangsamend bei der Bewältigung seiner Bildschirmtätigkeit empfinden.

Beim Xerox Star sind Arbeitsinhalte in den Piktogrammen Ordner, Dokument, Akte etc. enthalten. Bei zunehmender Ineinanderschachtelung ergibt sich eine hierarchische Anordnung. Um ein Dokument zu erhalten, muß der Benutzer möglicherweise mehrere andere darüberliegende Piktogramme erst öffnen. Da auch derartige Routinetätigkeiten Zeitaufwand und Konzentration erfordern, können sie für einen geübten Experten sehr lästig werden.

Eine wenig mächtige, selbsterklärende Darstellungsform führt bei häufiger Wiederholung langwieriger Arbeitsgänge zu Überdruß. Aus diesem Grund empfehlen EASON & DAMODARAN (1981), dem Benutzer unterschiedliche Schwierigkeitsgrade zur Auswahl zu überlassen. GILFOIL (1982) fand, daß Anfänger Menüdarstellung als arbeitserleichternd empfinden, während routinierte Benutzer Kommandobefehle bevorzugen. Dem ***routinierten Benutzer*** sollte es ermöglicht werden, ***Shortcuts*** zu benutzen. Dies kann dadurch geschehen, daß:

- Häufig auftretende Arbeitssequenzen sich auf Funktionstasten legen lassen.
- Der Benutzer auf Piktogramme am Bildschirm (wenn diese zu einer Verlangsamung führen) wahlweise völlig verzichten und sie durch andere Kommandos ersetzen kann.
- Weniger relevante Piktogramme wahlweise ausgeblendet werden können. Der Benutzer arbeitet dann sozusagen mit einem nach seinen Wünschen reduziertem Piktogrammset.
- Aus häufig benutzten Piktogrammsequenzen, die in einem bestimmten Arbeitskontext eine „routine cognitive skill" (CARD 1978) darstellen, ein einziges Bildzeichen konstruiert werden kann.

Die Möglichkeit den Piktogrammset zu reduzieren, erlaubt es, dem Benutzer – auch mit zunehmender Erfahrung – ein effizientes Werkzeug zur Bewältigung von Bürotätigkeiten zu geben.

Piktogramme sind eine Form von Menüdarstellung. In diesem Zusammenhang ist der von NORMAN (1983a) erwähnte Austauschprozeß (trade-off) „menu versus workspace" zu berücksichtigen. Das bedeutet: Je mehr Piktogramme auf dem Bildschirm verwendet werden, desto weniger Bildschirmfläche steht dem

Benutzer zur Verfügung. Vor allem die Arbeitsmöglichkeiten des Experten werden auf diese Weise eingeschränkt. Die Verwendung von Piktogrammen sollte deshalb, ähnlich wie der Menüumfang, an die Bedürfnisse der verschiedenen Benutzer anpaßbar sein.

4.4 Häufigkeit der Interaktion

MARTIN (1973, p.25) unterscheidet zwischen dem gelegentlichen und dem „hingebungsvollen" Benutzer des Bildschirmgeräts (*casual* versus *dedicated user*). Gemeint ist damit der Bezug, den der Benutzer zu dem System besitzt. Der hingebungsvolle Benutzer verbringt den größten Teil seiner Arbeitszeit am Computer. Oft erhält er ein umfangreiches Training oder versucht selbständig, seine Kenntnisse fortlaufend zu verbessern.

Der Gelegenheitsbenutzer gebraucht den Computer nur unregelmäßig. Meist handelt es sich hier um Beschäftigte, die in der Hierarchie höher stehen, z.B. Abteilungsleiter. Gelegenheitsbenutzer besitzen oft wenig Vorerfahrung im Umgang mit Computern.

Deshalb empfiehlt sich gerade bei dieser Gruppe die Verwendung von Piktogrammen, da ein einfach zu bedienendes System von ungeübten Benutzern leichter akzeptiert wird.

Dennoch sollen darüberhinaus Gelegenheitsbenutzer zumindest in häufig auftretenden Arbeitsgängen intensiv geschult werden. Auf diese Weise kann die frustrierende Phase des „Lernens durch Versuch und Irrtum" entscheidend verkürzt werden.

4.5 Einstellungen

Viele Menschen haben stark emotional gefärbte Ansichten über Computer. Für manche ist er, als Symbol des Fortschritts, ein aufregendes und interessantes Hilfsmittel, für andere ist der Computer ein bedrohliches Instrument, das Arbeitsplätze zerstört und das Menschliche durch die Maschine ersetzt.

Es wird angenommen, daß der Faktor „Einstellung zu dem Arbeitsmittel Computer" sowohl die Arbeitszufriedenheit, als auch den Lernerfolg und damit die Arbeitsleistung entscheidend beeinflußt.

Möglicherweise akzeptieren in der Hierarchie Höherstehende eher ein System mit Piktogrammen, weil Piktogramme nicht direkt mit Textverarbeitung assoziiert werden, sondern eher mit statushöheren Planungstätigkeiten verbunden werden.

Bei stark negativer Einstellung werden kleine Probleme bei der Systembenutzung subjektiv als große Hindernisse erlebt. Eine positive Einstellung kann dem Benutzer hingegen helfen, kleinere Probleme ohne Schwierigkeiten zu überwinden. Einstellungen erleichtern bzw. erschweren somit die Beziehung Aufgabe-Werkzeug (EASON & DAMODARAN 1981).

Es gibt jedoch Möglichkeiten negative Einstellungen zu Computern abzubauen und positive Gefühle bei den Mitarbeitern zu wecken. Wichtig ist eine frühe und offene Informationspolitik bei den Anwendern, wobei bereits im Vorfeld der Entscheidung die Mitarbeiter informiert und beteiligt werden sollen (WELTZ & LULLIES 1983).
Vor allem soll den Betroffenen bzw. ihrer Interessenvertretung die Möglichkeit gegeben werden, Einfluß auf die Funktionsweise der Systeme auszuüben (Partizipative Einführung von DV, z.B. FRESE 1981). Dabei müssen arbeitsorganisatorische Probleme berücksichtigt und gemeinsam gelöst werden.

4.6 Angst versus Kontrolle

Menschen unterscheiden sich bezüglich des Angstniveaus (anxiety level), das sie in einer ungewohnten Situation zeigen. Auch die erstmalige Konfrontation mit einem Computer führt häufig zu verschiedenen Ängsten (z.B. Versagensangst, Angst um den Arbeitsplatz).

Angst beeinflußt den Leistungsstand negativ. WALTHER & O'NEIL (1974) zeigten, daß ängstliche Anfänger an Texteditoren sowohl langsamer lernten, als auch mehr Fehler machten (SHNEIDERMAN 1979). Da Piktogramme wahrscheinlich mit kürzeren Einarbeitungszeiten verbunden sind, bewahren sie vor allem Anfänger vor frustrierenden Erlebnissen.

Fehlendes Vertrauen in ein System fördert eine passive, oft ineffektive Arbeitsweise: „Der Benutzer klammert sich an dasjenige Verhalten oder an diejenigen Prozeduren, die er einmal als erfolgreich erlebt hat“ (SAUTER & WEIDERT 1986). Angst und Sicherheitsdenken unterdrücken kreative Experimentierfreude und schränken damit die Möglichkeit ein, bessere Lösungen zu finden.

Nach FREY et al.(1976) ist aktiv positives Handeln mit einem subjektiv empfundenen Gefühl der Kontrolle verbunden. Der Benutzer sollte das Gefühl haben, daß er das System durchschaut, daß er die Reaktionen des Computers berechnen und beeinflussen kann.

Zum erfolgreichen Problemlösen sind angstfreie Umgebungen zu suchen. Deshalb sollte eine neue Schnittstelle für den Benutzer möglichst einfach zu handhaben sein, ohne ihn dabei in seinen Handlungsmöglichkeiten zu stark einzugrenzen.

Der Einsatz von Piktogrammen ist sicherlich ein Schritt in diese Richtung. Aufgrund ihrer leichten kognitiven Verarbeitbarkeit, können sie auch dem ängstlichen Benutzer schon bald ein Gefühl der Sicherheit geben. Das Gefühl, das Werkzeug Computer zu verstehen und zu beherrschen, wirkt selbstverstärkend und unterbindet zunehmend leistungshemmende Angstgefühle.

4.7 Alter

Viele Benutzer, und das mag vor allem für ältere gelten, fühlen sich überfordert durch abstrakte Darstellungen und den hohen anfänglichen Lernaufwand. Gefühle des Ausgeliefertseins an die Maschine und der mangelnden Kontrollmöglichkeit wirken sich in diesem Fall besonders negativ auf die Mensch-Computer-Interaktion aus, weil sie die Empfindung verstärken, man könne im Beruf nicht mehr mithalten.

Das Gefühl „man blicke nicht mehr durch“ verhindert eine weitere positive Zuwendung. Lernerfolge bleiben aus, deswegen verstärkt sich die subjektiv erlebte Hilflosigkeit, was wiederum zu einer weiteren Distanzierung vom Computer führt.

Um diesen circulus vitiosus zu durchbrechen, muß dem Benutzer von Anfang an das Gefühl gegeben werden, daß er die Vorgänge des Computers durchschaut und „über dem Gerät steht“. Die einfache Verständlichkeit von Piktogrammen und das mühelose Hantieren mit der Maus könnten auch beim älteren Benutzer ein positives Interesse wecken.

Der Mensch baut vom Säuglingsalter an komplexe Schemata auf, mit deren Hilfe er das Wahrgenommene zu Erinnerungen in Beziehung setzt. Das gilt besonders für solche Erkenntnisse, die auf aktive Erfahrung im Manipulieren von Objekten und des sich Bewegens in der Umwelt zurückgehen (VERNON 1974).

Es wird allgemein angenommen, daß die Lernfähigkeit für neues Material mit zunehmendem Alter etwas abnimmt. Dieser Prozeß gilt für Piktogramme ebenso, wie für alphabetische Darstellungen.

Piktogramme sind eine relativ neue, unbekannte Form der Informationsdarstellung. Bildhafte Übermittlung von Information wird in unserer Umwelt erst seit wenigen Jahren in gehäuftem Umfang gezielt verwendet. Ältere Menschen sind deshalb aufgrund ihrer Erfahrung mehr an alphabetische als an bildhafte Informationsdarstellung gewöhnt.

Aus diesem Grund könnten ältere Bildschirmbenutzer gerade bei weniger prägnanten Piktogrammen Verständnisschwierigkeiten haben. In diesem Fall wäre es günstig, zusätzlich zum Piktogramm auch noch dessen verbale Bedeutung einzublenden. Dieser Mechanismus sollte auch abschaltbar sein.

Prägnante Piktogramme sind jedoch wahrscheinlich auch bei älteren Benutzern der verbalen Informationsdarstellung überlegen. Vor allem bei Gedächtnisschwäche erscheinen Piktogramme wegen ihrer guten Merkleistung günstiger als verbale Kodierungen.

4.8 Motivation und Aufmerksamkeit

In diesem Abschnitt sollen motivationale Faktoren, die die Aufmerksamkeit beeinflussen, erörtert werden.
Über die Wirkungsweise motivationaler Faktoren existieren in der Psychologie unterschiedliche Ansichten. Sicher ist jedoch, daß eine positive Bewertung einer Tätigkeit die Konzentrationsfähigkeit erhöht. Dieser Effekt, der bei einer angenehmen, fesselnden Tätigkeit auftritt, läßt sich daran erkennen, daß alles Andere in diesem Moment irrelevant erscheint. Zu längerer Konzentration auf eine Tätigkeit ist positive Motivation eine notwendige Voraussetzung.

Für viele (ungeübte) Benutzer eines Computers ist die Arbeit am Bildschirm wenig motivierend. Klagen über Augenbrennen, Kopf- und Rückenschmerzen und auch psychosomatische Beschwerden sind häufig zu hören. Da es den ergonomisch perfekten Bildschirmarbeitsplatz nicht gibt, muß darauf hingearbeitet werden, physische und psychische Belastungen zu minimieren (BIERBAUM et al. 1980).
Computer mit Piktogrammen und Maus besitzen wahrscheinlich auch spielerische Qualitäten. Die leichte Überschaubarkeit und problemlose Bedienung lassen Effekte des Handelns schnell sichtbar werden. Rasches Feedback beschleunigt den Problemlösungsprozeß und verhindert langwieriges Warten.

Teilweise erinnert die Gestaltung moderner Bürocomputer an Computer-Spiele. Die direkte Manipulierbarkeit der Objekte und die relativ konkrete Darstellung der Gegenstände sind derartige Gestaltungsmittel. MALONE (1982, „Heuristics for Designing Enjoyable User Interfaces: Lessons from Computer Games“) schlägt vor, die Übernahme von Gestaltungsmitteln für Computerspiele noch wesentlich stärker für andere Bereiche der Computerverwendung zu nützen.

Kennzeichen eines Computerspiels sind:
- Herausforderung zu wecken,
- die Phantasie anzusprechen,
- Neugier zu erzeugen.

Wie bei Computerspielen, könnten folgende Informationsträger die Arbeit des Computerbenutzers vergnüglicher machen:

- Verwendung von Farbe,
- eigenständige Bewegung der Piktogramme,
- auditorische Effekte.

Einschränkend ist jedoch zu bemerken, daß bei auditorischen Effekten eine zu starke Geräuschentwicklung zu Lärmbelästigung der übrigen Mitarbeiter führen kann.

Neben den motivationalen Effekten begünstigen die obengenannten Kriterien außerdem die Informationsübertragung durch die Schaffung zusätzlicher Redundanz.

Häufig existieren keine passenden Analogien, die auf die Benutzung eines Computers angewendet werden könnten und auf diese Weise das Verständnis erleichtern. Dies ist eine Herausforderung an die Kreativität des Schnittstellen-Entwicklers, die wohl am effektivsten in Zusammenarbeit mit Benutzern aus dem Anwendungsbereich bewältigt werden kann.

Piktogramme erleichtern es dem Benutzer eines Bürocomputers, eine Vorstellung seiner Tätigkeit zu gewinnen. Motivation und Interesse sind auf die Dauer nur gewährleistet, wenn der Benutzer größere Zusammenhänge seines Tuns erkennt.
Die Arbeit soll einen optimalen Grad an subjektiver Komplexität besitzen, da sowohl Verwirrung, wie auch Langeweile, die Effizienz des Benutzers verringern.

MARTIN (1973) meint, daß sowohl Überforderung, als auch bloßes fließbandartiges Zuarbeiten zu Frustrationen beim Computerbenutzer führen. Die Verwendung von Piktogrammen ermöglicht es, viele Einheiten des komplexen Systems „Büro auf dem Bildschirm" auf verständliche Weise darzustellen. Genauer wird dies in Abschnitt 7, insbesondere 7.6 beschrieben.

Es ist anzunehmen, daß Piktogramme an einem Computer wahrscheinlich positiv motivierend wirken können. Schnelle Erlernbarkeit wird vom Benutzer als angenehm und wenig belastend empfunden (MODLEY & LOWENSTEIN 1952). Piktogramme erfüllen die Grundvoraussetzungen der leichten Verständlichkeit, der mühelosen Bedienung, der hohen Kompatibilität (Piktogramm erinnert an das Objekt). Diese Bedingungen sind nötig für:
- eine positive Anfangsmotivation,
- rasches Lernen,
- andauernde Akzeptanz eines neueingeführten Systems.

Dies gilt besonders für den Bereich der Bürocomputer, da hier ein geringes technisches Vorwissen der Benutzer wahrscheinlich ist.

4.9 Intelligenz und Problemlösen

Menschen besitzen unterschiedliche Grade von Intelligenz, was Lernfähigkeit und Interaktion sicherlich beeinflußt. Besonders interessant ist jedoch, wie Computerbenutzer Information kognitiv handhaben, wie sie Entscheidungen fällen und die Probleme der Arbeitsumgebung lösen.

Piktogramme erleichtern die kognitive Bewältigung vor allem dann, wenn sie dem Benutzer ein konzeptuelles Modell (näheres in Kapitel 7) der Tätigkeitsstruktur vorgeben. Die Komplexität des konzeptuellen Modells sollte dabei auf ein Minimum beschränkt bleiben (siehe auch Abschnitt 7.5. „Mentale Modelle beim Schnittstellen Entwurf").

Das Arbeiten an traditionellen Computern erfordert ein hohes Maß an Arbeitsdisziplin. Vom Benutzer werden Eindeutigkeit, Präzision und Vollständigkeit seiner Eingaben erwartet. Erweiterte Gestaltungskonzepte verringern diesen Arbeitsdruck erheblich; besonders bei der Verwendung von Piktogrammen unter dem Aspekt der direkten Visualisierung von Arbeitstätigkeiten. Durch Sichtbarkeit bereits gemachter Fehler können diese leicht erkannt und berichtigt werden.

Unabhängig vom Ausmaß der Intelligenz und dem Vorgehen beim Problemlösen bieten Piktogramme dem Benutzer von Computern zusätzlich räumlich-visuelle Strukturierungshilfen bei der Bewältigung der Arbeitsaufgabe. Durch ihre rasche Erlernbarkeit verbessern sie bald die Performanz (Fähigkeit, Kompetenz) des Anfängers (siehe auch Abschnitt 7.6. „Direkte Manipulation und Piktogramme").

Es sollte jedoch auch deutlich gemacht werden, daß es sich bei diesen Hilfestellungen nur um Analogien aus dem realen Arbeitsbereich handelt. Funktionen, die nicht durch die Analogie abgedeckt werden, müssen dem Benutzer genau erläutert werden.

4.10 Arbeitsaufgaben

Neben den Persönlichkeitsvariablen beeinflußt auch die Art der Arbeitsanforderungen die Verwendung von Piktogrammen an Computern.

4.10.1 Strukturiertheit

Für Bürotätigkeiten existiert ein Kontinuum von Strukturiertheitsgraden. Einerseits gibt die Arbeitstätigkeit selber ein gewisses Maß von Strukturiertheit vor (z. B. Fließbandarbeit versus Journalismus). Andererseits strukturiert der

Benutzer, soweit ihm Autonomie gegeben ist, seine Arbeit aktiv selbst. Derartige Freiheitsgrade bei der Arbeit sollen auch nach dem Einsatz von Computern erhalten bzw. neu geschaffen werden. Wird dies versäumt, kommt es zu Arbeitsunzufriedenheit mit den entsprechenden Folgen (z.B. Fluktuation, Absentismus, innere Kündigung).

Abb. 24 gibt einen Überblick über Anforderungen und Strukturiertheit verschiedener Tätigkeiten. Manuelles Handeln ist meist hoch strukturiert, während kreatives Denken sich kaum durch statische Strukturen definieren läßt. Bezüglich des Strukturiertheitsgrades nimmt schematisches Denken eine Mittelstellung zwischen diesen beiden Extremen ein.

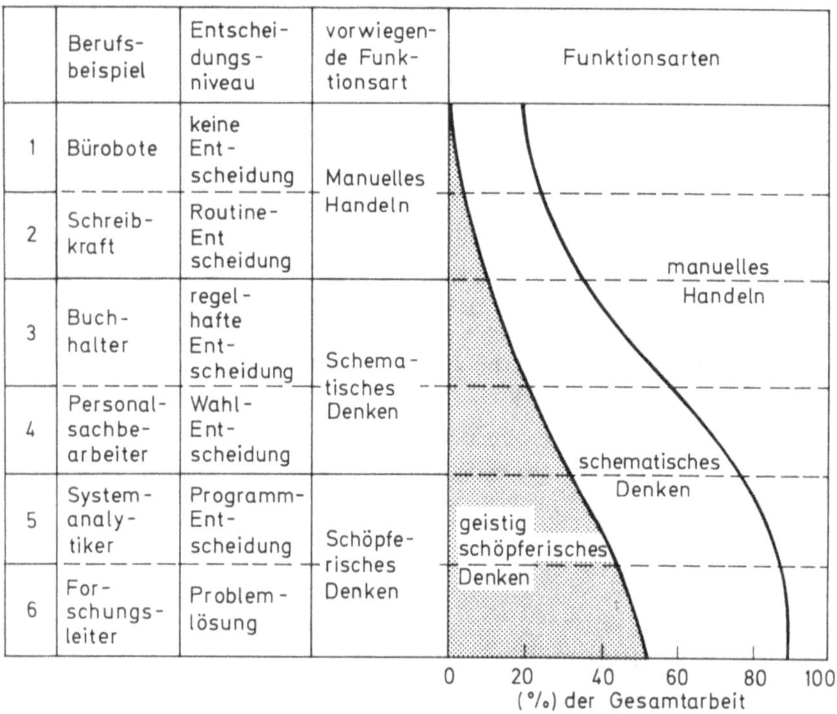

Abb. 24: Strukturiertheit von Büroarbeit (HEINISCH & SÄMANN, zitiert nach HELBIG 1982, p. 634)

Je weniger eine Aufgabe strukturiert ist, desto flexibler muß das System sein, um den Benutzer bei seiner Tätigkeit angemessen zu unterstützen. Um Piktogramme verwenden zu können, ist ein gewisser Strukturiertheitsgrad der Aufgabe eine notwendige Voraussetzung.

Wenn Arbeitstätigkeiten sehr einfach strukturiert sind, genügen oft nur wenige Kommandos, um den Arbeitsablauf zu steuern. Piktogramme bieten sich vor allem bei Tätigkeiten an, die sich durch einen niedrigen bis mittleren Grad an Strukturiertheit auszeichnen. Bei abstrakten oder komplexen Arbeitsabläufen wird es oft schwierig, Bildzeichen einzusetzen.

4.10.2 Aufgabenprofil

Bereits vorhandene Bürocomputer mit Piktogrammen werden häufig für folgende Berufsgruppen angeboten: Im Büro tätige Ingenieure, Wissenschaftler, Kaufleute, Juristen, Planer, Organisatoren, Projektleiter und spezialisierte Sachbearbeiter.

Die Büroarbeiten dieser Berufsgruppen sind relativ vielfältig und wenig vorstrukturiert. Es handelt sich meist um Fachleute mit Führungsaufgaben, die nicht die nötige Zeit besitzen, um aufwendige Bedienungsschritte eines Bürocomputers zu lernen. Der Benutzer der mittleren Management-Ebene läßt sich folgendermaßen charakterisieren:
a: Er ist relativ intelligent.
b: Er ist zu beschäftigt, um einen aufwendigen Trainingskurs zu absolvieren.
c: Er erwartet rasche Ergebnisse.
d: Er benötigt ein breites Spektrum der Informationsdarstellung.
e: Er sieht im Bürocomputer in erster Linie ein nützliches Werkzeug.

Besonders bei den Punkten b, c, d können Piktogramme zu einer erheblichen Verbesserung führen. Kritisch ist anzumerken, daß Arbeitsanforderungen, die nicht standardisierbar sind und auch kaum Routinecharakter besitzen, sich nur unzureichend durch Computer unterstützen lassen.

4.11 Resümee

Neben den hier behandelten Eigenschaften des Benutzers bzw. seines Arbeitsplatzes gibt es sicher noch Kriterien, die unberücksichtigt blieben. Hier wurden hauptsächlich diejenigen erwähnt, die bei der Interaktion mit dem Computer eine wesentliche Rolle spielen.

Zusammenfassend kann gesagt werden, daß die Gestaltung der Schnittstelle und damit der Einsatz von Bildzeichen möglichst spezifisch auf den einzelnen Benutzer abgestimmt sein soll. Noch ist die Vorstellung von NORMAN (1983a) Utopie, nach der jeder Benutzer die Daten seiner „persönlichen Schnittstelle“ auf Magnetkarte gespeichert hat und jeden Arbeitsplatzcomputer damit zu „seiner individuell optimalen Schnittstelle“ umfunktionieren kann.

Die individuelle Unterstützung des Benutzers (RICH 1983) ist, trotz erhöhter Herstellungskosten, wohl ein sehr vielversprechender Weg, um zu einer benutzerfreundlichen Schnittstelle zu gelangen. Das bedeutet auch, die Schnittstelle nicht bis ins kleinste Detail festzulegen, sondern dem Benutzer Gestaltungsspielraum und Wahlmöglichkeiten zu lassen (Konfigurierbarkeit).

Mit zunehmenden Fortschritten in dem Forschungsbereich der Künstlichen-Intelligenz kann es bald vielfältig adaptierbare Schnittstellen geben. Neben dem Datenschutz sollte darauf geachtet werden, daß der Benutzer genug Handlungsmöglichkeiten besitzt und für ihn ein Gefühl der Kontrolle erhalten bleibt (BECKER-TÖPFER 1985).

5. Kognitive Verarbeitung von Piktogrammen

5.1 Fragestellung

Piktogramme unterliegen, wie alle auf das Individuum einströmenden Informationen, Prozessen der Informationsverarbeitung. Diese Prozesse sind kognitiver Art und beeinflussen die Qualität der im Bewußtsein als real wahrgenommenen Information. Beispielhaft sind einige sich daraus ergebende Fragen aufgeführt:

- Wie funktioniert die Wahrnehmung von Piktogrammen?
- Wie sind Piktogramme semantisch repräsentiert?
- Welche Gedächtnisleistungen ergeben sich bei Piktogrammen?
- Werden Piktogramme kognitiv anders verarbeitet als verbale Information?
- Wie ist das Anwendungsgebiet (Büro) kognitiv repräsentiert?
- Wie gut eignen sich Piktogramme dazu, Prozesse im Büro darzustellen?
- Mit welcher Schnittstelle läßt sich die kognitve Belastung optimieren?

Es wird versucht diese Fragen zu beantworten. Dabei werden allgemeine theoretische Erkenntnisse auf die Piktogrammproblematik übertragen. Dadurch wird es nötig, auf bestimmte kognitive Modelle Bezug zu nehmen und diese kurz zu erklären.

5.2 Der Gegenstand der Kognitiven Psychologie

Das Wissensgebiet der Kognitiven Psychologie ist ein Teil der Psychologie, der eher allgemeinpsychologisch orientiert ist. Dies bedeutet, daß die in den folgenden Abschnitten beschriebenen Regeln für alle Computerbenutzer in ähnlicher Weise zutreffen. Im letzten Kapitel wurden hingegen eher die Unterschiede zwischen einzelnen Benutzergruppen und die sich daraus ergebenden Konsequenzen für die Schnittstellengestaltung betont.

Es wäre ein Irrtum, Kognitive Psychologie als rein psychologische Disziplin zu betrachten. Der interdisziplinäre Charakter der „Cognitive Science“ ergibt sich aus wichtigen Beiträgen der Philosophie, Linguistik und der Künstlichen-Intelligenz-Forschung. Einen entscheidenden Beitrag zur Kognitionswissenschaft haben NEWELL & SIMON mit ihrem 1972 erschienenen Buch „Human Problem Solving“ geleistet.

Der Begriff „Kognitive Psychologie“ wurde hauptsächlich durch NEISSERs 1967 erschienenes Buch mit dem Titel „Cognitive Psychology“ geprägt. NEISSER (1967) beschreibt Kognitive Psychologie als Wissenschaft, die sich mit menschlicher Informationsverarbeitung im weitesten Sinne beschäftigt. Informationsverarbeitung bedeutet z.B.: Speichern, Transformieren, Reduzieren, Ausarbeiten, Weiterverwenden, Abrufen, Verändern von Information. Sie behandelt nahezu alle Formen psychischer Aktivitäten wie Wahrnehmen, Vorstellen, Erinnern, Träumen, Problemlösen, Lernen, Aufmerksamkeit (priming), Aktivierung, Gedächtnis, etc. Die Theorien der Kognitiven Psychologie haben sich bisher bei der Beschreibung und Erklärung von Mensch-Computer-Interaktion bewährt. Jedoch sollte immer bedacht werden, daß diese Modelle zwar Teilaspekte, jedoch nicht das Gesamtbild vom Menschen erklären (NULLMEIER 1986).

Umfassendere Darstellungen des Gegenstandes der Kognitiven Psychologie finden sich z.B. in WICKELGREN (1979), LINDSAY & NORMAN (1981), ANDERSON (1980).

5.3 Datengesteuerte und erwartungsgeleitete Informationsverarbeitung

Informationsaufnahme aus der Umwelt und dem Organismus vollzieht sich auf dem Weg der Wahrnehmung. Wahrnehmung geschieht über viele Sinneskanäle (taktil, auditorisch, visuell, olfaktorisch, propriorezeptiv).

Bislang erfolgt die Informationsübertragung bei Bildschirmtätigkeiten beinahe ausschließlich über den Sehapparat des Menschen. Nur sehr vereinzelt werden dem Benutzer akustische Informationen übermittelt, z.B. Piepton als Warnsignal oder Klappern der Tastatur. Berührungs- und Geschmacks- bzw. Geruchsreize werden bei der Mensch-Computer-Interaktion bislang überhaupt nicht verwendet.

Diese einseitige Belastung des visuellen Apparats könnte zu einer Überlastung führen, während andere Sinneskanäle ungenutzt brachliegen. Einige Experten (z.B. MALONE 1982) plädieren dafür, Computer „sinnlich anzureichern“. Das könnte bedeuten, daß auch im Arbeitsbereich Schnittstellen verwendet werden, die an Computerspiele erinnern.

Für das Verarbeiten von Piktogrammen sind jedoch visuelle Erkennungsvorgänge maßgebend, die im folgenden genauer betrachtet werden sollen.

Es wird gezeigt, daß die objektiven Wahrnehmungsdaten -sofern sie die Ebene des Bewußtseins erreichen- auf ihrem Weg zum Bewußtsein stark von kognitiven Funktionen beeinflußt werden.

Visuelle Information tritt über das Auge in den Organismus ein. Die vom Stimulus reflektierten Lichtstrahlen werden durch die Linse gebrochen und auf der Retina entsteht ein spiegelverkehrtes Abbild des Stimulus.

Die Rezeptoren der Netzhaut leiten den Stimulus weiter zu höheren neuronalen Verarbeitungszentren. Diese kognitiven Strukturen entscheiden aufgrund der ankommenden Information, um welchen Reiz es sich handelt (Abb 25).

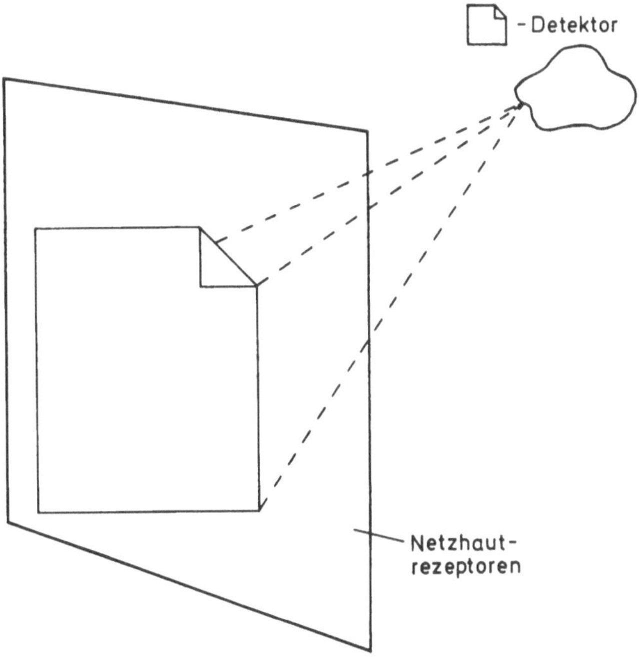

Abb. 25: Schema eines Detektorsystems („🗋“ ist ein geläufiges Piktogramm für „Dokument“).

Die neuronalen Verarbeitungszentren werden mit dem Namen des Stimulus bezeichnet, für dessen Erkennung sie zuständig sind (z. B. A-Detektor oder in diesem Fall 🗋-Detektor, Abb. 26)).

Es wurde bewußt die Bezeichnug „🗋-Detektor“ gewählt und nicht „Dokument-Detektor“, weil zuerst ein Erkennen auf graphischer Ebene erfolgt. Die Umsetzung in die sprachliche Modalität geschieht erst im Anschluß daran.

Bei einem anderen Lichtmuster wird möglicherweise die Gruppe der Detektoren für „A“ aktiviert, wobei der „🗋-Detektor“ nicht aktiviert wird.

Das beschriebene Erkennungsmodell prüft, ob das ankommende Lichtmuster zu dem ihm bekannten Repertoire von Schablonen für Zeichen und Buchstaben paßt. Das Schablonenschema kann als datengesteuert bezeichnet werden.

Einem Schablonenschema mangelt es jedoch an Effektivität und Flexibilität, um Veränderungen der Größe und der Raumlage zu erkennen. Vor allem ist es unfähig, noch niemals gesehene, neuartige Informationsmuster zu erkennen und in einen Sinnzusammenhang einzubeziehen.

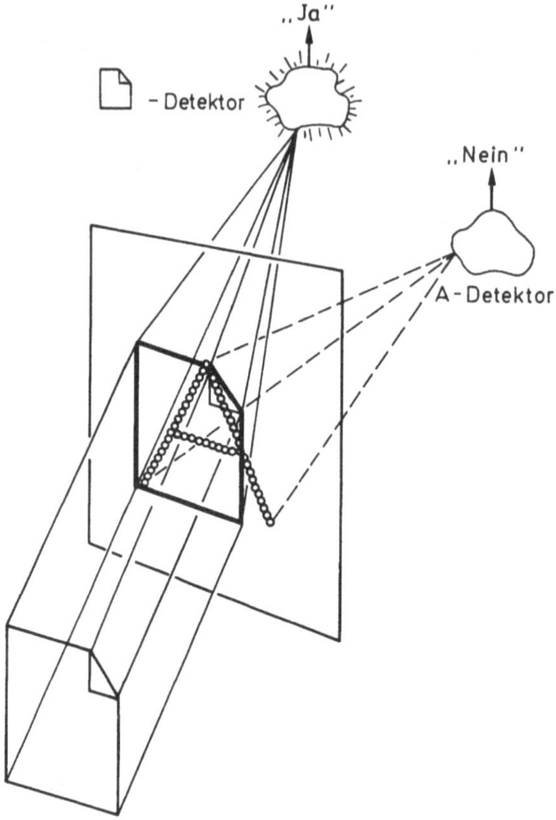

Abb. 26: Unterschiedliche Muster haben unterschiedliche Erkennungsschablonen

Das auf der Photographie (Abb. 27) dargestellte Objekt ist nicht leicht zu erkennen. Es handelt sich um einen Dalmatinerhund, der von der rechten Bildmitte mit der Schnauze am Boden nach links geht. Auch wenn dieser Hund nicht sofort erkannt wird, so ist es doch schwierig nachdem die Zusatzinformation gegeben wurde (daß auf dem Bild ein Hund dargestellt ist), den Hund bei erneuter Darbietung nicht mehr zu sehen.

Ein Benutzer berichtete über ähnliche Erfahrungen, als er zum erstenmal das Piktogramm für „Papierkorb" bei dem Computer „Apple Lisa" sah. Nachdem er darauf hingewiesen wurde, daß das ihm zusammenhanglos erscheinende Symbol einen Papierkorb darstellen sollte, erkannte er daraufhin das Piktogramm immer als Abbild eines Papierkorbs.

Wahrnehmungen bei denen Vorstellungen, Vorwissen, Erwartungen, vorgefertigte Prozesse den Erkennungsprozeß erleichtern, werden als konzept-geleitete

Abb. 27: Photographie von R.C. James (zitiert nach LINDSAY & NORMAN 1981, p. 8).

(auch konzeptgesteuerte, erwartungs-geleitete, concept-driven) Informationsverarbeitung bezeichnet.

Die Wirkung von konzeptuell gesteuerten Verarbeitungsprozessen bei der Mensch-Computer-Interaktion wird ausführlich im Abschnitt 7 „Mentale Modelle" behandelt.

Das menschliche Wahrnehmungssystem läßt sich nur durch ein gleichzeitiges Wirken von datengesteuerten und konzeptuell gesteuerten Verarbeitungsprozessen ausreichend erklären.

Obwohl beide Prozesse gleichzeitg ablaufen, müssen sie in ihrer Wirksamkeit nicht immer gleichstark ausgeprägt sein. Externe Variablen wie z.B. Neuigkeitswert des Stimulus können der datengesteuerten Komponente ein Übergewicht geben. Auch kognitive Variablen wie Konzentration, Erwartung, Müdigkeit beeinflussen die beiden gegenläufigen Verarbeitungssysteme.

5.4 Ebenen der Verarbeitung

Aus Untersuchungen zur Erkennung von Buchstaben, Wörtern und Sätzen, läßt sich auf verschiedene Verarbeitungsebenen bei der Informationsaufnahme schließen (Abb. 28).

...	sensorisches Wahrnehmen	Buchstaben	Schrifttyp	Wörter	Bedeutung	...

Abb. 28: Verarbeitungsebenen bei schriftlichem Material

Sehr rasch geschieht die Wahrnehmung von Linien und Kanten, worauf die Analyse der Buchstaben, des Schrifttyps, der Wörter folgt. Die semantische Verarbeitung erfolgt erst am Schluß und ist wahrscheinlich auch am aufwendigsten. Neben der Verarbeitung von Sinnesreizen erfüllt der kognitive Apparat noch weitere Funktionen.

Grob gesehen können drei verschiedene Bereiche kognitiver Aktivitäten unterschieden werden:

- Der sensorische Bereich, der Informationen empfängt und diese zu neuronalen Verarbeitungszentren weiterleitet (bottom-up processing).
- Der motorische Bereich, dessen Output aus motorischen Leistungen besteht (top-down processing).
- Der kognitive Bereich, der sowohl Informationen erhält als auch produziert.

In den höheren kognitiven Ebenen ist eine Unterscheidung zwischen top-down und bottom-up Verarbeitung nur noch sehr bedingt möglich. Die kognitiven Bereiche enthalten Modelle (Vorstellungen) der Umwelt, die weder rein sensorisch noch rein motorisch sind, sondern eher eine Kombination beider Funktionen darstellen.

Im Falle der Wahrnehmung von Piktogrammen und der darauffolgenden motorischen Reaktion (z. B. Betätigen der Maus) vollzieht sich die kognitive Reaktion häufig nicht auf der höchsten Ebene des Denkens, sondern einige Ebenen darunter. Reaktionen können auch ohne Beteiligung des Bewußtseins ablaufen. Solch automatisiertes Verhalten ergibt sich jedoch erst, nachdem der Benutzer die gleiche Arbeitshandlung mehrere Male durchgeführt hat.

Das anfängliche Lernen der Piktogramme spielt sich im Bereich der „Bildermodalität" ab. Die nicht-verbale Bilder- und Räumlichkeitsmodalität ermöglicht es, Bilder und bekannte Objekte zu zeichnen, Bilder und Symbole wahrzunehmen und räumliche Darstellungen auf zweidimensionaler Ebene zu verstehen (WICKELGREN 1979).

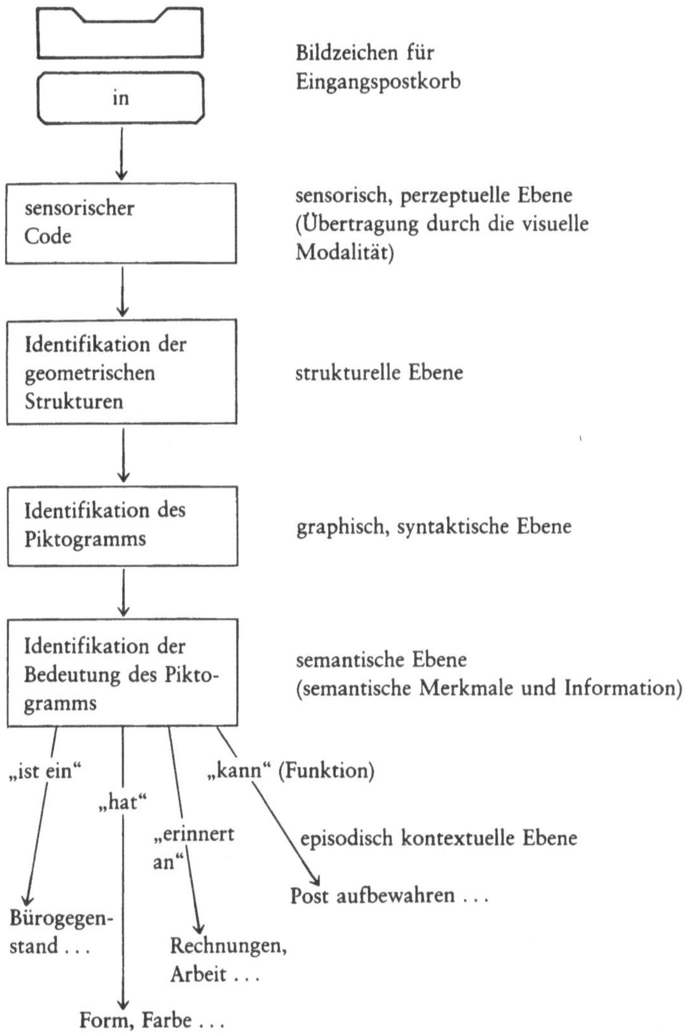

Abb. 29: Hypothetische Hierarchie der Verarbeitungsprozesse bei der Identifikation eines Piktogramms

Abb. 29 zeigt die Verarbeitungsmechanismen eines Piktogramms, wobei die Darstellung an Untersuchungen angelehnt ist, die mit verbalem Material durchgeführt wurden.

Durch das Auge als Empfänger visueller Information entsteht ein sensorischer Code. Die Rohdaten der visuellen Information unterliegen teilweise bereits auf der Retina einem Verarbeitungsprozeß. HUBEL & WIESEL (1968) entdeckten, daß bereits auf der Netzhaut Verarbeitungsmechanismen existieren, die Kanten und Linien hervorheben.

Die noch relativ ungeordnete perzeptuelle Information wird weitergeleitet und auf graphische Merkmale hin analysiert. Solche graphischen Merkmale sind z.B. Kontrast, Farbe, Hintergrund, Ecken, Geraden, gebogene Linien.

Jeder Gegenstand wird daraufhin überprüft, ob er die für ihn markanten Merkmale besitzt. Die Merkmale sind in einem Lexikon gespeichert und können bei Bedarf abgerufen und mit den ankommenden sensorischen Daten verglichen werden.

Gelingt aufgrund zutreffender relevanter Merkmale die Identifikation des Piktogramms, erreicht es die höchste Ebene der Enkodierung, die Ebene der semantischen Inhalte.

In dieser Ebene werden abstraktere Eigenschaften des Piktogramms gespeichert. Hauptsächlich handelt es sich dabei um funktionale und kontextuelle Verknüpfungen (z.B. ist, ist ein, kann, hat).

5.5 Verarbeitungstiefe bei bildhaftem und verbalem Material

Nachdem bisher Verarbeitungsebenen eher unter dem Aspekt ihrer Struktur betrachtet wurden, sollen sie jetzt in ihrem funktionalem Zusammenhang dargestellt werden.

CRAIK & LOCKHART schlugen 1972 das Modell der Verarbeitungstiefe (depth of processing) vor, um Unterschiede in der kognitiven Leistungsfähigkeit zu erklären. Danach entscheidet über die Behaltensleistung für ein Item allein die Tiefe der kognitiven Verarbeitung. Gleichzeitig bedeutet tiefere Verarbeitung stärkere semantische und kognitive Analyse des dargebotenen Materials.

Die Tiefe der kognitiven Verarbeitung hängt ab von:
- der Einwirkungszeit des Reizes (z.B. Piktogramm),
- der Menge des präsentierten Materials (z.B. Piktogramm),
- dem Abfragemodus,
- dem Bekanntheitsgrad und der Kompatibilität des Reizes (z.B. Piktogramm),
- der Bedeutungshaltigkeit des Materials,
- dem Analysesystem, das der Wahrnehmende benützt.

Die Argumente von CRAIK & LOCKHART (1972) deuten an, daß Piktogramme im allgemeinen eine tiefere Verarbeitung erfahren als sprachgebundene Zeichen. Ein Piktogramm besitzt ein weitaus größeres Maß an Kompatibilität als jedes mögliche Wort. Der spontane Bekanntheitswert des Zeichens „“ ist wesentlich stärker als der des Zeichens „Dokument“. Auch die Bedeutungshaltigkeit eines Piktogramms ist größer, weil es dem realen Gegenstand in weitaus größerem Maße ähnelt, als das dafür gebräuchliche Wort. Weiterhin spricht vieles dafür, daß bildhaftes Material leichter verarbeitet wird als ein geschriebenes Wort, das die gleiche Information vermitteln soll.

Die unterschiedliche Verarbeitung verschiedener Materialien äußert sich z.B. daran, daß Bilder, Gesichter, Töne und Stimmen nach langen Zeitabschnitten oft mühelos wiedererkannt werden. Wie schwierig es ist, eine solch tiefe semantische Verarbeitung für verbales Material zu erreichen, zeigt sich z.B. an dem Aufwand, der damit verbunden ist, Namen und Begriffe über eine längere Zeitspanne hinweg zu behalten.

Von den vielen Informationen, die auf den Menschen einströmen wird nur das Wesentliche, die Bedeutung extrahiert. Wahrscheinlich entstanden im Laufe der Evolution hierarchische kognitive Strukturen, um relativ informationsarme Begriffe zu schaffen, mit denen leicht umgegangen werden kann.

So ergibt sich eine Kodierung, die sparsamer und informationsärmer als die Ausgangsinformation ist und mehr Kapazität für Problemlöseprozesse des Bewußtseins läßt.

PAIVIO (1975) nimmt an, daß es zwei unabhängige, jedoch teilweise interagierende Systeme der Enkodierung, Speicherung und Organisation von Information gibt (dual coding model).

- Das Imagery-System ist darauf spezialisiert nonverbale Information, die in der Form von Bildern auftritt, zu verarbeiten. Wie bei Piktogrammen handelt es sich hier um eine analoge Repräsentationsform konkreter Dinge.
- Das Verbal-System hingegen ist auf die Verarbeitung linguistischer, sprachlicher Einheiten spezialisiert.

Eine differenziertere Diskussion der Dualen Kodierungstheorie liefert z.B. BOCK (1983).

Ein Experiment von D'AGOSTINO, O'NEILL & PAIVIO (1977) zeigte, daß Bilder sowohl schneller, als auch tiefer verarbeitet werden als Wörter. Obwohl es sich bei dem Experiment um einen Vergleich von Wörtern und Bildern handelt, haben die Ergebnisse Relevanz für die unterschiedliche Wirkung von verbalen- und Piktogrammdarstellungen auf Bildschirmgeräten.

In dem zitierten Experiment wurden die Verarbeitungscharakteristika von konkreten Wörtern, abstrakten Wörtern und Bildern einander gegenübergestellt. Es ergaben sich folgende Ergebnisse (Abb. 30):

Art des Materials	richtige Antwort	Verarbeitung		
		strukturell	phonetisch	semantisch
abstrakte Wörter	Ja	0,063	0,340	0,327
	Nein	0,132	0,125	0,195
konkrete Wörter	Ja	0,132	0,431	0,514
	Nein	0,153	0,202	0,410
Bilder	Ja	0,202	0,535	0,528
	Nein	0,264	0,403	0,417

a: Durchschnittlicher Anteil der ***richtigen Erinnerung*** bei verschiedenen Bedingungen

Art des Materials	richtige Antwort	Verarbeitung		
		strukturell	phonetisch	semantisch
abstrakte Wörter	Ja	659	802	1010
	Nein	705	818	1202
konkrete Wörter	Ja	651	724	875
	Nein	639	760	866
Bilder	Ja	650	742	788
	Nein	726	926	794

b: Gemessene durchschnittliche ***Latenzzeit*** (Millisekunden) bei verschiedenen Bedingungen

Abb. 30: Experimentielle Ergebnisse der Verarbeitung von abstrakter und konkreter Informationsdarstellung (nach D'AGOSTINO et al. 1977, p. 254 bzw. 255)

Drei verschiedene Materialen (abstrakte Wörter, konkrete Wörter, Bilder) wurde in kognitiv unterschiedlich tiefe Ebenen verarbeitet (strukturelle, phonetische, semantische Ebene). Die Tabelle (Abb. 30) gibt den Anteil der richtigen Antworten unter den verschiedenen Bedingungen an. Es lassen sich zwei Trends erkennen:

- Bilder werden auf jeder Verarbeitungsebene besser behalten als Wörter. Dieses Ergebnis deutet darauf hin, daß Piktogramme das Gedächtnis weniger belasten als andere Darstellungsformen (siehe auch Kapitel 6).
- Vor allem bei der semantischen Verarbeitung werden Bilder schneller erkannt als Wörter. Dies spricht dafür, daß Piktogramme leichter verarbeitet werden als Wörter.

Als Säulendiagramm stellt sich die Überlegenheit von bildhafter, analoger Darstellung folgendermaßen dar (Abb. 31).

KLIMESCH (1982) meint, daß bildhaftes Material sowohl schneller in höhere kognitive Ebenen gelangt, als auch semantisch tiefer verarbeitet wird, als Informationsträger in alphanumerischer Darstellung. Abb. 32 soll die Überlegenheit bildhafter Darstellungsformen veranschaulichen:

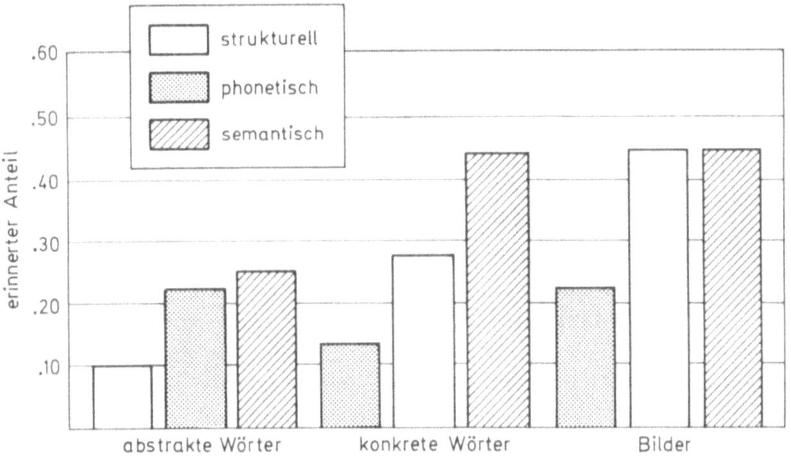

Abb. 31: Prozentsatz der Wiedererkennung bei abstrakten bzw. konkreten Wörtern und Bildern (D'AGOSTINO et al. 1977, p. 255).

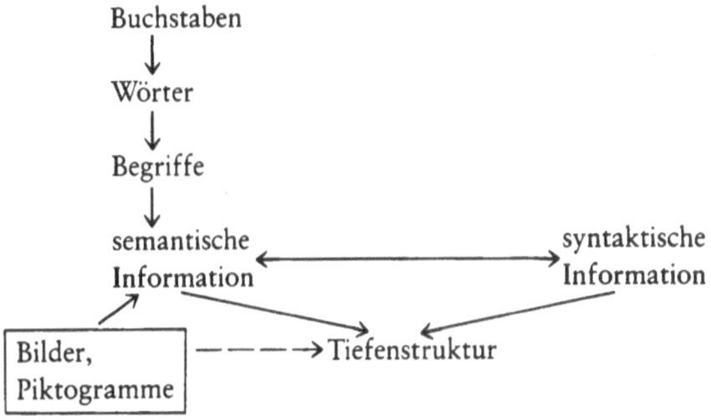

Abb. 32: Hypothetische Verarbeitung von Wörtern und Piktogrammen

Wie in Abb. 32 gezeigt, stehen Piktogramme der Tiefenstruktur der Informationsverarbeitung wahrscheinlich näher als Worte. Manche Autoren behaupten, daß semantische Information meist bilderähnlich ist, und daß demzufolge verbale Information erst in Bilderform umgewandelt wird. Grundsätzlich werden Inhalte, die visualisiert werden, auch besser erinnert. Da Tiere und Menschen rein aus visueller Erfahrung lernen können, muß es eine nicht-verbale Informationsstruktur geben (NEISSER 1979).

Es ist bekannt, daß die verschiedenen Hirnregionen unterschiedliche Funktionen erfüllen. In der linken Hirnhälfte wird logisch-abstraktes und vor allem sprachgebundenes Material verarbeitet. Die rechte Hemisphäre steuert dagegen die räumliche und zeitliche Integration und ist wahrscheinlich auch für die Analyse von Bildern und visuellen Szenen zuständig.

Die Verwendung von Piktogrammen könnte somit zu einer Entlastung der linkshemisphärischen Hirnregionen führen und damit mehr Raum für parallel ablaufende logisch abstrakte Prozesse schaffen.

Unter evolutionärem Aspekt betrachtet, ist die überlegene Verarbeitung von Bildern nicht erstaunlich. Im Laufe der stammesgeschichtlichen Entwicklung des Menschen spielte visuelle Information eine herausragende Rolle. 80% des gesamten informationellen Inputs des Menschen ist visueller Art.

Der Homo Sapiens wurde durch Selektionsprozesse geformt. Da visuelle Information entscheidend wichtig war, schaffte die Evolution besonders rasche und ökonomische Verarbeitungsmechanismen für Bilder. Buchstaben dagegen existieren in der Umwelt des Menschen erst seit sehr kurzer Zeit. Sie sind eine ungewohnte, künstliche Informationsquelle, auf die sich das kognitive System erst durch langwierige Lernprozesse einstellen muß.

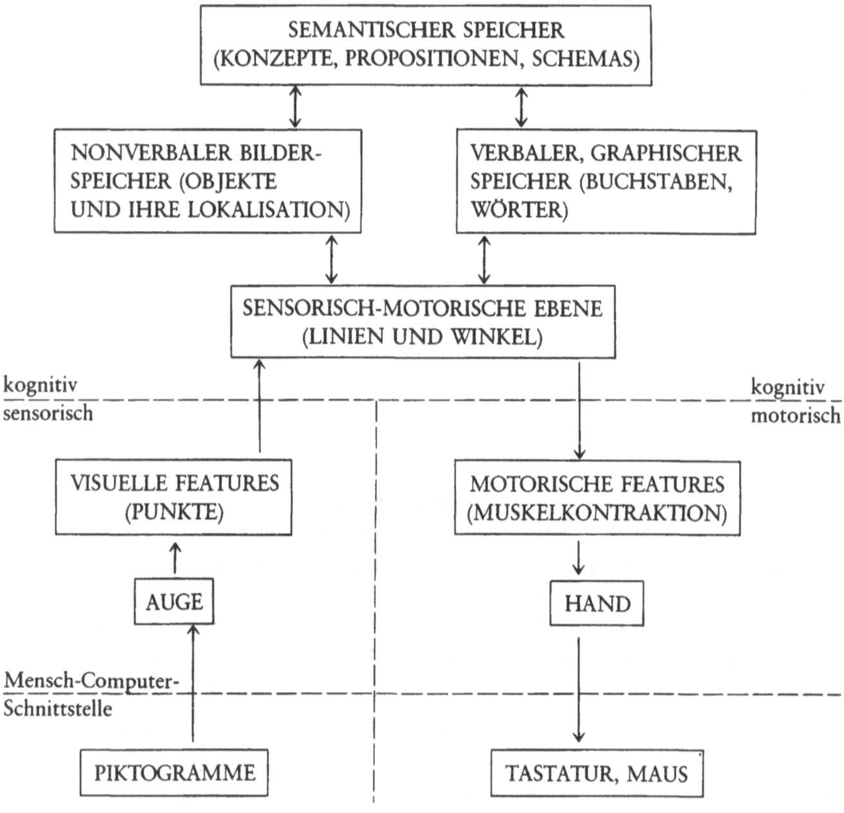

Abb. 33: Flußdiagramm kognitiver Verarbeitung bei Bildschirmtätigkeiten (nach WICKELGREN 1979).

Abb. 33 veranschaulicht die hierarchische Organisation kognitiver Verarbeitung bei der Arbeit an einem Computer mit direkt manipulativer Schnittstelle. Die Ausrichtung der Pfeile zeigt die wechselseitige Verknüpfung der unterschiedlichen Verarbeitungsebenen. Auf niederen Ebenen verläuft die Informationsverarbeitung hauptsächlich in einer Richtung, in höheren kognitiven Ebenen finden Rückkoppelungsprozesse statt.

An der Spitze des Verarbeitungsprozesses befindet sich der semantische Speicher. Die Repräsentationsformen des semantischen Speichers werden im folgenden genauer betrachtet.

5.6 Konstituierende und propositionale Merkmale von Piktogrammen

Die im Gedächtnis gespeicherten Inhalte sind oft mehrfach mit anderen Inhalten verbunden. Bestimmte Wissensbereiche des Menschen werden deshalb häufig in Form von „semantischen Netzwerken“ dargestellt. Jedoch besteht zur Zeit noch keine Einigkeit darüber, welche Darstellungsform möglichst vielen Aspekten menschlichen Denkens gerecht wird. Eine weitergehende Betrachtung semantischer Repräsentationsformen bringen z.B. NORMAN & RUMELHART (1978(b)) und SCHANK & ABELSON (1977). Einen guten Vergleich verschiedener Repräsentationsformen gibt SMITH (1978) in ESTES (1978).

Für die Entwicklung von Piktogrammen ist vor allem interessant, daß semantische Repräsentationen aus konstituierenden und aus propositionalen Einheiten bestehen. Eine ähnliche Unterscheidung wird auch zwischen charakteristischen und definierenden Merkmalen von Objekten getroffen.

Konstituierende Strukturen enthalten besonders jene Kennzeichen, die das *individuelle Objekt* von ähnlichen Objekten unterscheiden. Konstituierende Strukturen beinhalten selten generische Definitionen, sondern stellen häufig Repräsentationen bestimmter Einzelobjekte dar. Die konstituierenden Merkmale eines Objekts sind hauptsächlich durch sensorische Informationen festgelegt.

Die konstituierende Struktur eines Ordners könnte folgendermaßen beschaffen sein: Ordner ist rot, hat ein weißes Schild an der Seite, enthält Reisekostenabrechnungen, ist schwer zu tragen ...

Die *propositionale Bedeutung* einer Struktur beinhaltet dagegen meist logische Aussagenverknüpfungen. Sie sind abstrakter als konstituierende Verknüpfungen und bestehen aus Sätzen bezüglich einer *Klasse von Objekten.* Oft werden die Bezeichnungen propositionale Bedeutung und semantische Bedeutung synonym gebraucht. Ein Beispiel für die propositionalen Merkmale von Objekten sind Oberbegriffe.

Die Bezeichnung „ist ein“ (is a), welche die Relation Ordner-Bürogegenstand spezifiziert, bedeutet „ist ein Begriff für“. Damit ist „ist ein“ eigentlich eine hierarchische Klassifikation, die dem Oberbegriff „Bürogegenstand“ den Unterbegriff „Ordner“ zuteilt. Ähnlich verhält es sich mit der Relation „enthält als Teil“ (has), denn auch sie ist ihrem Bedeutungsgehalt nach eine hierarchische Relation, die ober- und untergeordnete Begriffe klassifiziert.

Bei heutigen Computersystemen (z. B. Bürocomputer) wird hauptsächlich die propositionale Seite semantischer Strukturen berücksichtigt. Konstituierende, spezifische Elemente der Repräsentation, wie Gestalt, Farbe, Lokalisation, zeigen hingegen auf bisher bestehenden Systemen wenig Variationsmöglichkeiten. Ordner werden immer in der gleichen Form und Farbe angeboten; sie können vom Benutzer nicht individuell gekennzeichnet werden. Diese mangelnde Berücksichtigung konstituierender Komponenten kann beim Benutzer zu Akzeptanzschwierigkeiten führen.

Konstituierende Faktoren semantischer Repräsentation sollten bei der Schnittstellen-Entwicklung mehr Berücksichtigung finden. Dadurch bleibt dem Benutzer ein Gestaltungsspielraum bezüglich dem endgültigen Aussehen der Piktogramme (vgl. Abschnitt 9.5 „Gestaltungsspielraum des Benutzers“).

Die Möglichkeit, Raum für persönliche Gestaltungselemente zu lassen, kommt der Forderung nach einer zunehmend an den einzelnen Benutzer angepaßten Schnittstelle entgegen (NORMAN 1983 a).

5.7 Lokalisation von Piktogrammen

„Visuelle Szene“ bezeichnet die räumliche Darstellung verschiedener Objekte in einem Bezugsrahmen (PALMER 1975)(z. B. Anordnung von Piktogrammen auf der Ebene des Bildschirms).

Objekte werden nicht nur anhand logischer Kategorien, sondern auch aufgrund ihrer räumlichen Anordnung (spatial location) klassifiziert (MALONE 1983). Dies gilt sowohl für Objekte auf dem Schreibtisch, als auch für Piktogramme auf dem Bildschirm eines Computers.

Das allgemeine Sachwissen des Bildschirmbenutzers geht weit über die Kenntnis typischer Eigenschaften von Gegenständen und ihren Teilen hinaus. Nach einer gewissen Einübungszeit kennt der Bildschirmbenutzer die typischen Bildschirmareale, wo bestimmte Piktogramme gewöhnlich zu finden sind (z. B. Menü an der Oberleiste des Bildschirms).

PALMER (1978, p. 292) meint zu der Kontextwirkung von Szenen: „Der Mensch hat nicht nur Kenntnisse über Szenen, er benützt dieses Wissen auch zur Interpretation von Sinnesinformation.“

Weiß der Benutzer, welche Art von Szene (Lokalisation von Objekten auf dem Bildschirm) er vor sich hat, so besitzt er sowohl Informationen über die Lage der Piktogramme auf dem Bildschirm, als auch über ihre Funktion im Vergleich zu benachbarten Piktogrammen (Ortskodierung).

Ein Teil der Piktogramme kann statisch sein (z. B. Menü), ein anderer Teil beweglich. Vor allem bei statischen Piktogrammen ist die unterschiedliche Aufmerksamkeitsverteilung einer Fläche (Bildschirm) zu beachten.

Aufgrund erwartungsgeleiteter top-down Prozesse, die sich aus Ableserichtung, Erfahrung, und kulturellen Bedingungen zusammensetzen, kommt den Arealen einer Fläche unterschiedliche Aufmerksamkeitsverteilung zu.

Bei einem leeren quadratischen Bildschirm ist der Blick während 40% der Betrachtungszeit auf den linken oberen Quadranten gerichtet. Der Rest der Betrachtungszeit verteilt sich zu 20% auf den rechten oberen, zu 25% auf den linken unteren und zu 15% auf den rechten unteren Quadranten (ERKE 1975).

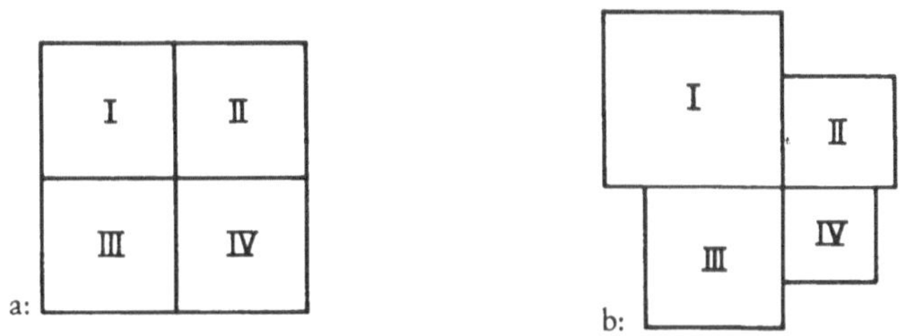

Abb. 34: Aufmerksamkeitsverteilung bei den vier Quadranten eines Quadrats

Zeichnung 34 a zeigt die vier Quadranten eines Quadrats. In Zeichnung 34 b ist die Aufmerksamkeitszuwendung als Funktion der Fläche eines Quadranten dargestellt.

Die Zeichnung veranschaulicht, daß die Verteilung der Aufmerksamkeit nicht proportional zur relevanten Flächengröße erfolgt, sondern daß die linke Bildschirmhälfte bei der Aufmerksamkeitsverteilung wesentlich mehr Zuwendung erfährt.

Das stärkste Übergewicht der Aufmerksamkeitsverteilung kommt dem linken oberen Quadranten zu, der 60% mehr Aufmerksamkeit erfährt, als der quadrantenspezifische Mittelwert.

Aufmerksamkeitsverteilung ergibt sich als wichtiges Gestaltungsmittel, vor allem für nicht bewegbare, statische Piktogramme. Besonders relevante Piktogramme sollten somit in Bereiche mit hoher Aufmerksamkeitsintensität gesetzt werden. Piktogramme, die eine geringe Benutzerhäufigkeit aufweisen, sollten am rechten unteren Bildschirmrand plaziert werden.

Der Bildschirmbenutzer geht bei der Wahrnehmung der Inhalte selektiv vor. Er faßt wichtige Aspekte der Szene in Oberstrukturen höherer kognitiver Ordnung zusammen. Es entstehen neue, vereinfachende Schemata auf höheren Repräsentationsebenen.

Diese Schemata könnten auf dem Bildschirm durch „Oberpiktogramme" symbolisiert werden, welche die semantische Zusammenfassung untergeordneter Piktogramme durch graphische Spezifizierung veranschaulichen.

Auf dem Bildschirm sollen Piktogramme möglichst analog zu ihrer funktionalen Bedeutung dargeboten werden. Es ist günstig, wenn Piktogramme der gleichen Bedeutungsklasse auf dem Bildschirm durch räumliche Nähe zusammengefaßt sind. Funktionale Ähnlichkeit sollte außerdem durch graphische Ähnlichkeit veranschaulicht werden.

5.8 Piktogramme als semantische Prototypen

Semantische Inhalte sind durch Sinneseindrücke definiert. Die Beziehungen zwischen semantischen Knoten lassen sich z.B. als Netzwerk darstellen. Strenggenommen sind diese Darstellungen aber nur Veranschaulichungen individueller semantischer Inhalte.

Gibt es Repräsentationen, die für alle Menschen gleiche Verknüpfungen und Knoten besitzen? Diese Frage ist nicht eindeutig zu beantworten. Es kann jedoch gesagt werden, daß die Repräsentation einer Kategorie von Objekten bei verschiedenen Individuen die gleichen typischen Werte erreicht.

ROSCH (1975) führte dazu Experimente zur Erkennung von Farben durch. Eine ziemlich begrenzte Wellenlänge wird von allen Menschen eines bestimmten Kulturkreises als der beste Vertreter eines typischen Rots bestimmt. Es handelt sich dabei um das prototypische Rot für diesen Kulturkreis (Abb. 35).

Ein Prototyp eines Gegenstandes ist diejenige Ausprägung, die von den meisten Beurteilern als typisch für diese Klasse bezeichnet wird.

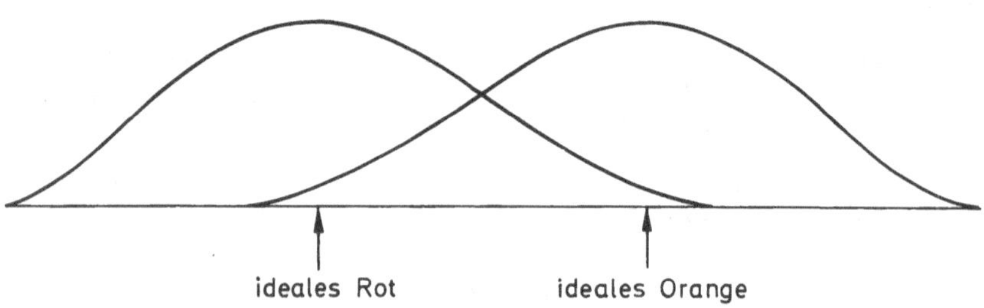

Abb. 35: Prototypen der menschlichen Farbwahrnehmung

Untersuchungen belegen, daß Kategorien Information über prototypische Werte enthalten (RIPS, SHOBEN & SMITH 1973). Eine zwei Meter breite Sitzgelegenheit ist ein schlechtes Beispiel für die Kategorie der Stühle. Auch eine zu weiche Bepolsterung erschwert eine Zuordnung des Gegenstands zum Begriff Stuhl; dieser Gegenstand würde eher in die Kategorie der Sessel passen. Die meisten Menschen haben eine relativ feste Vorstellung von dem Begriff Stuhl, die dann als das prototyphafte Abbild eines Stuhls bezeichnet werden kann.

Ähnliche, typisierende Konzepte (Prototypen) existieren für alle Objekte der Umwelt. Auch Bürogegenstände besitzen eine Typikalität, die bei den unterschiedlichen Benutzern ziemlich gleich ausgeprägt sein dürfte. Es gilt, diesen Prototyp zu finden und als Piktogramm abzubilden. Die weitaus beste Erkennungsleistung der Benutzer ergibt sich, wenn das Piktogramm ausschließlich Züge des Prototyps enthält. Damit ein Piktogramm eines Gegenstandes, einer Handlung oder einer Vorstellung als typisch bezeichnet werden kann, muß es folgende Eigenschaften haben:

- Es soll nicht zu wenig relevante Merkmale aufweisen,
- Es darf nicht zu selten sein,
- Es darf nicht zu wenig Unterbegriffe besitzen.

Wenn ein Piktogramm diese Merkmale erfüllt, hat es eine hohe Typikalität. Hohe Typikalität bedeutet leichte Verständlichkeit des Symbols, das für eine Kategorie von Bürogegenständen steht. Das Piktogramm, welches aus einer Auswahl verschiedener Darstellungen am ehesten mit dem Bürogegenstand verbunden wird, besitzt die größte Typikalität.

Das Piktogramm mit der größten Typikalität, muß jedoch keineswegs ein genaues Abbild einer bestimmten Variante sein, sondern kann Züge tragen, die sich aus verschiedenen Varianten der Realität kombinieren. Folgende Untersuchung erläutert dies (Abb. 36):

Abb. 36: Welches Tier ist der typischste Vogel? (CLARK & CLARK 1977, zitiert nach ANDERSON 1980, p. 130)

Versuchspersonen bestimmten das Tier, welches am typischten für die Kategorie der Vögel war. Außerdem schätzten sie, wie ähnlich sich die Vögel untereinander sind. Die Ergebnisse einer weiteren Untersuchung über die Ähnlichkeit von Tieren sind in zwei-dimensionaler Skalierung in Abb. 37 dargestellt.

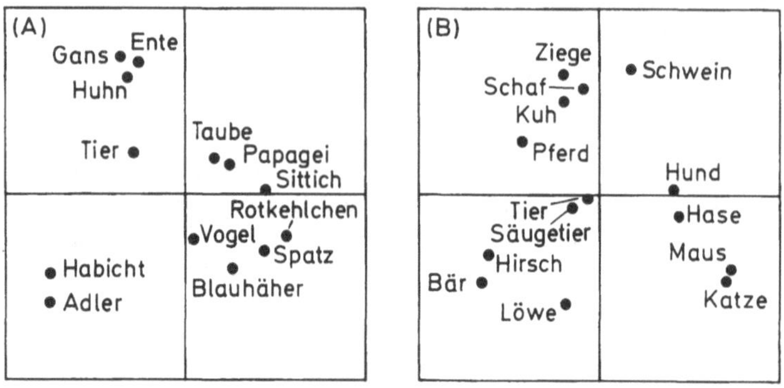

Abb. 37: Ähnlichkeit von Vögeln (RIPS et al. 1973, zitiert nach ANDERSON 1980, p. 132)

In Abb. 37 ist die Entfernung der einzelnen Punkte proportional zu der geschätzten Ähnlichkeit zwischen den dargestellten Vögeln.

Der Blauhäher erwies sich als der Vogel mit der größten Typikalität, denn er liegt am nähesten bei dem Punkt Vogel. Der Punkt Vogel symbolisiert die Lage des Prototyps für „Vogel".

Die Ente ist ein sehr untypischer Vogel. Der Prototyp Ente besitzt eine größere Ähnlichkeit zu dem Prototyp Tier als zu dem Prototyp Vogel. Eine Ente würde demnach die Kategorie der Vögel äußerst schlecht repräsentieren.

Interessant ist, daß die typischste Darstellung für die Kategorie der Vögel kein realer Vogel ist. Diejenige Darstellung eines Vogels mit der größten Typikalität wäre ein Kunstprodukt aus der Kombination der Eigenschaften verschiedener Vögel.

Piktogramme mit der größten Typikalität werden häufig nicht ein bloßes Abbild eines realen Gegenstandes sein. Der beste Vertreter einer Kategorie könnte zuweilen nur wenig Ähnlichkeit mit dem realen Objekt haben. Abb. 38 veranschaulicht dies an einem Piktogramm für „Posteingang", das aus verschiedenen Entwürfen für den Xerox-Star ausgewählt wurde.

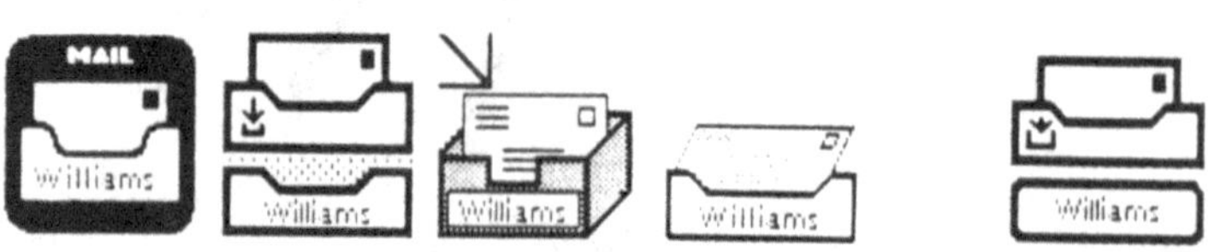

Vers. 1 Vers. 2 Vers. 3 Vers. 4 endgültige Version

Abb. 38: Piktogrammversionen für „Posteingang" (nach BEWLEY et al. 1983, p. 74)

Die endgültig gewählte Version ähnelt einem Posteingangskorb relativ wenig. Die anderen Versionen, vor allem Version drei, schaffen teilweise wesentlich realere Abbilder. In der Validierungsphase erwies sich trotzdem eine weniger konkrete Version als das optimale Piktogramm.

Von den verschiedenen Ausprägungsgraden einer Kategorie wird der Prototyp abstrahiert. Dieser Prototyp stellt eine Art Mittelwert dar, der die unterschiedlichen Größen der verschiedenen Merkmale (features) ausgleicht.

Um benutzerfreundliche Schnittstellen zu erhalten, sollten Piktogramme mit hoher Typikalität (semantische Prototypen) verwendet werden. Methoden um dies zu erreichen werden in den Kapiteln 8 „Ermittlung der Vorstellungen des Benutzers“ und 9 „Produktion von Piktogrammen“ vorgestellt.

6. Gedächtniswirkung von Piktogrammen

6.1 Relevante Fragestellung

Das Gedächtnis spielt bei der Informationsverarbeitung eine zentrale Rolle. Um neue Informationen aufzunehmen, muß der Organismus auf das bereits bestehende, gespeicherte Wissen zurückgreifen. Aus diesem Grund ist es wichtig, die Gedächtnisleistungen bei Piktogrammen abzuschätzen.

Folgende Fragen werden in diesem Zusammenhang erörtert:
- Wie gut ist die generelle Erinnerungsfähigkeit bei Piktogrammen?
- Bestehen Unterschiede in der Erinnerung von Piktogrammen bzw. Bildern und verbalem Material?
- Auf welche Weise sind Piktogramme im Gedächtnis gespeichert?

Einschränkend ist anzumerken, daß alle Experimente zu dieser Problemstellung mit Bildermaterial durchgeführt wurden. Trotz dieses Unsicherheitsfaktors dürften die erzielten Ergebnisse tendenziell auf Piktogramme übertragbar sein.

6.2 Klassifikation des Gedächtnisses

Der eigentliche Dauerspeicher von Informationen wird häufig als *Langzeitgedächtnis* bezeichnet. Informationen sind dort mit anderen semantischen Einheiten vielfach verbunden.

Informationen, die über das Auge eintreten, gelangen zuerst in das *Ultrakurzzeitgedächtnis*, einen sensorischen Zwischenspeicher, in dem der Reiz 100 bis 400 ms wirksam ist. Daraufhin gelangt er in den *Kurzzeitspeicher*, der oft mit dem Bewußtsein gleichgesetzt wird.

Der Kurzzeitspeicher ist eher eine hypothetisch begründete Einheit (KLIX & SYDOW 1980), da die Grenzen zwischen Kurz- und Langzeitspeicher kontinuierlich sind. Im Kurzzeitgedächtnis wird die ankommende Information nach relevanten Strukturen durchsucht, die dann im Langzeitgedächtnis fixiert werden.

Bei der Arbeit mit dem Computer werden verschiedenartige Informationen benötigt. Piktogramme könnten zu einer kognitiven Entlastung beitragen, weil relativ viel Information auf dem Bildschirm zur Verfügung gestellt wird. Wenn die nötige Information direkt abgelesen werden kann, bleibt dem Kurzzeitgedächtnis mehr Kapazität zum Lösen der Arbeitsaufgabe.

Weiterhin läßt sich das Gedächtnis in ein *semantisches* und ein *episodisches Gedächtnis* unterteilen.

Im semantischen Gedächtnis werden Informationen geordnet, selektiert und oft in einem hierarchischen Aufbau gespeichert. Das semantische Gedächtnis beinhaltet z. B. das Wissen über die Bedeutung von Begriffen, Sprachen, Ortskenntnissen.

Das episodische Gedächtnis hingegen enthält hauptsächlich Informationen des persönlichen Erlebens. Obwohl oft chronologisch, wie in einem Film geordnet, erscheinen sie für den Außenstehenden sehr unzusammenhängend, weil sie kontextuell und ichbezogen sind.

Wie bereits in Abschnitt 5.6 angesprochen, sollte dem Benutzer mehr Möglichkeit gegeben werden, Piktogramme und Schnittstelle nach eigenen Wünschen zu gestalten. Dies bietet ihm die Möglichkeit, frühere Arbeitserfahrungen bei dem neuen Arbeitsmittel Computer einzubringen.

6.3 Kapazität für Bilder

In diesem Abschnitt wird die Speicherkapazität des Gedächtnisses für bildhaftes Material erörtert. Die wenigen Experimente, die zu dieser Problematik durchgeführt wurden, erbrachten erstaunliche Speicherleistungen für Bilder.

NICKERSON (1965) zeigte 400 Schwarzweiß-Fotos, welche die Versuchsteilnehmer danach aus einer Reihe wahllos dargebotener Fotos heraussuchen mußten. In 95% der Fälle fanden die Versuchspersonen das richtige Foto.

Da eine solch hohe Erkennungsleistung keine Grenze der Kapazität erkennen läßt, führten STANDING, CONEZIO & HABER (1970) ein ähnliches Experiment mit über 2500 Fotos als Stimulusmaterial durch. In einer vierstündigen Sitzung wurden den Versuchspersonen an zwei aufeinanderfolgenden Tagen jeweils knapp 1300 Bilder gezeigt.

Obwohl die Präsentationszeit pro Bild bis auf eine Sekunde verkürzt wurde, manche Bilder spiegelverkehrt dargeboten wurden und eine Zeitspanne von drei Tagen zwischen Darbietung und Testung lag, betrug die Anzahl der richtigen Antworten immer noch mehr als 90%.

STANDING (1973) gelangte zu ähnlichen Ergebnissen, als er in einem sich über mehrere Tage erstreckenden Versuch 10000 Bilder darbot.

Es läßt sich durch Extrapolation ermitteln, daß von einer Million Bildern 986300 wiedererkannt würden (für den Fall, daß der Präsentation von Bildern ein sofortiger Wiedererkennungstest angeschlossen wird).

Auch als die Methode verändert wurde, und die Versuchspersonen von 32 Alternativen das richtige Bild auswählten, lag die Trefferquote immer noch über 90%.

Da die Speicherkapazität für farbige und schwarzweiß Aufnahmen, unter verschiedenen Darbietungszeiten, sowohl mit Bildern aus Zeitschriften, als auch mit Schnappschüssen gleichermaßen hoch lag, ist daraus zu schließen, daß die außergewöhnliche Gedächtnisleistung für bildhaftes Material ein sehr robustes Phänomen ist. Mit einiger Sicherheit kann deshalb gesagt werden, daß auch für Piktogramme eine sehr große Speicherkapazität zu erwarten ist.

Wenn überhaupt Grenzen des Bildergedächtnisses existieren, dann sind sie doch als so hoch anzusetzen, daß sie auf experimentiellem Wege, wegen der unzumutbaren Strapazen für die Versuchsteilnehmer, nicht mehr ermittelt werden können.

6.4 Speicherung von bildhaftem Material

Eine Erklärung der herausragenden Speicherung von bildhaftem Material sind POTTERs (1976) Ergebnisse, nach denen Bilder ohne Zwischenspeicherung im Kurzzeitgedächnis direkt ins Langzeitgedächtnis verarbeitet werden. Weitere Resultate zeigen, daß der wesentliche Inhalt eines Bildes sehr schnell verarbeitet wird, während Details mehr Zeit benötigen (ANTES et al. 1978).

Piktogramme begünstigen insofern eine rasche Gedächtnisspeicherung, als bei ihrer Gestaltung auf unnötige Details so weit wie möglich verzichtet wird.

Bilder sind nicht in verbaler Form im Gedächtnis gespeichert (HABER 1970). Erkennbar wird dies an der Schwierigkeit, ein Bild mit Worten zu beschreiben. Wesentlich einfacher ist es dagegen, zu entscheiden, ob ein Bild (Piktogramm) mit einer gleichartigen Darstellung übereinstimmt oder nicht. Gleichzeitig ist erwiesen, daß die Verknüpfung mit Bildern die Gedächtnisleistung von Wörtern erheblich verbessert.

Interessanterweise werden auch spiegelbildlich gezeigte Darstellungen mit etwa 90% Richtigkeit wiedererkannt (STANDING et al. 1970). Es ist jedoch relativ schwierig, sich die Orientierung eines Bildes zu merken; hauptsächlich wird die Form, weniger die Ausrichtung des Bildes im Gedächtnis gespeichert.
Über die semantische Speicherung von Bildern ist noch zu wenig bekannt, um die Repräsentationsform von Bildern genau abschätzen zu können.

Weiterhin ist erstaunlich, daß bei Bildern, die sich sehr ähnlich waren, kaum Interferenzwirkungen auftraten. Im Wiedererkennungstest mit über 2500 Bildern wurden etwa 300 Bilder einer einzelnen männlichen Gestalt verwendet, die sich alle vom Inhalt her stark ähnelten. Trotz der schwierigen Unterscheidbarkeit, wurden diese Abbildungen nur äußerst selten verwechselt.

Es zeigte sich, daß die Speicherkapazität umso besser ist, je konkreter und lebhafter die Bilder sind. Hingegen nimmt sie mit zunehmender Abstraktheit des Inhalts ab, und ist deswegen auch für verbale Darstellungen geringer als für Bilder (SHEPARD 1967; LUTZ & SCHEIRER 1974).

Es ist noch nicht geklärt, welche Elemente eines Bildes im Gedächtnis gespeichert werden. NELSON, METZLER & REED (1974) untersuchten die Enkodierungseigenschaften unterschiedlich detaillierter Bilder (Abb. 39).

a: 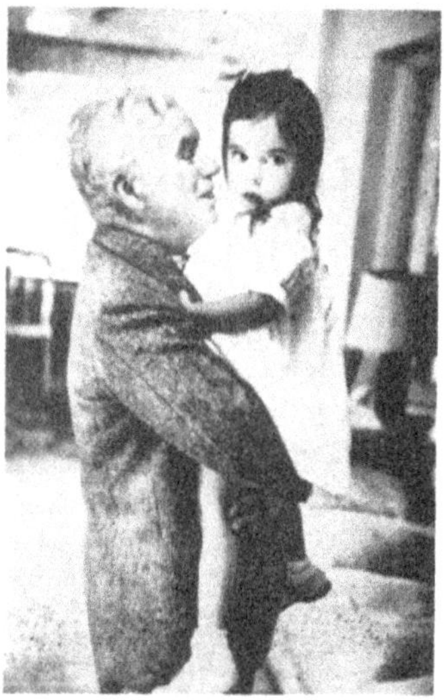

b: 

c: 

d: „Ein lächelnder alter Mann hält ein kleines Mädchen"

Abb. 39: Unterschiedliche Detailliertheitsgrade bei gleichem Informationsgehalt (ebenso wie Abb. 40 aus: NELSON, T. O.; METZLER, J. & REED, D. A 1974. Role of details in long-term recognition of pictures and verbal descriptions. Journal of Experimental Psychology (102) 1, 184–186. © (1974) by the American Psychological Association. Adapted by permission).

Von mehreren Fotographien (a) wurden Zeichnungen mit Ausschmückungen (b) und Zeichnungen ohne Ausschmückung (c) angefertigt. Weiterhin wurde zu jedem Foto eine passende verbale Beschreibung bestimmt. Aufgrund der verbalen Beschreibung (d) wurden die Skizzen (c) angefertigt, um unnötige Details zu unterdrücken.

Nach 7 Minuten bzw. nach einem Zeitabstand von 7 Wochen wurde dann überprüft, welche Informationen behalten wurden. Die Resultate sind in Abb. 40 veranschaulicht:

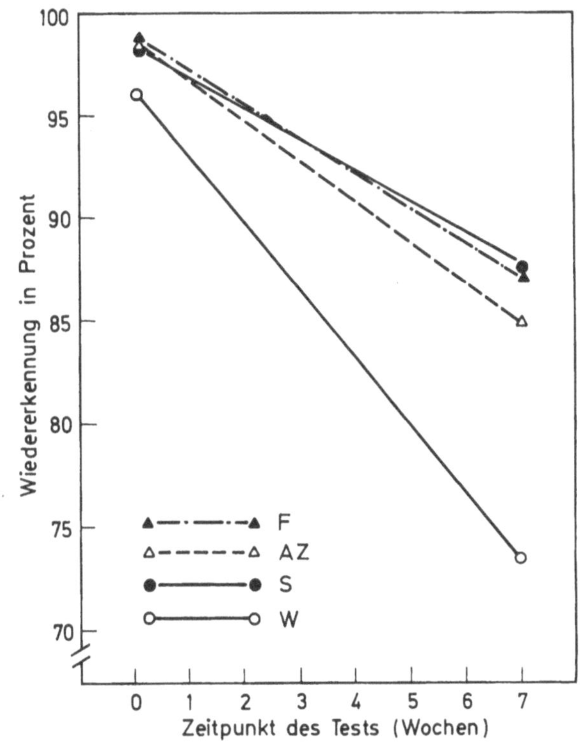

Abb. 40: Gedächtnisleistung für Fotos (F), ausgeschmückte Zeichnungen (AZ), Skizzen (S) und Wörter (W) (NELSON et al. 1974, p. 186).

Fotographien (F), ausgeschmückte Zeichnungen (AZ) und Skizzen (S) werden etwa gleichgut im Gedächtnis gespeichert. Verbale Beschreibungen (W) zeigen wesentlich schlechtere Behaltensleistungen. Außerdem nimmt die Merkleistung für Worte während eines längeren Zeitraums schneller ab, als die für Bilder und Skizzen.

Erstaunlicherweise verstärkt eine zusätzliche „Ausschmückung“ eines Bildes nicht die Merkleistung gegenüber einer skizzenhaften Darbietung. Detailreichtum führt nicht zu einer besseren Enkodierung.

Möglicherweise werden bei einer detailarmen Abbildung mehr Informationen pro Detail gespeichert, als wenn zusätzliche Details vorhanden wären.

Daraus läßt sich folgern, daß die Gedächtnisleistung für abstrahierende Piktogramme ähnlich ist, wie für realistische Abbildungen. An Bildern durchgeführte Experimente lassen sich wahrscheinlich, aufgrund ähnlicher Speicherungs- und Verarbeitungscharakteristika, durchaus auf Piktogramme übertragen.

6.5 Gedächtnisleistung bei Piktogrammen und bei verbaler Informationsdarstellung

Das oben geschilderte Experiment von NELSON et al. (1974) zeigt, daß bildhafte Informationsdarstellungen ausnahmslos leichter merkbar sind als Wörter. Die Überlegenheit von Bildern ist besonders auffällig bei länger andauernden Zeitintervallen.

Bilder werden nicht nur leichter wiedererkannt, sondern der Inhalt von Bildern wird auch besser gespeichert als der von verbalen Beschreibungen (STANDING 1973). Die überlegene Gedächtnisleistung von Bildern wird noch gravierender, wenn das richtige Bild bzw. Wort aus mehreren vorgegebenen Alternativen ausgewählt werden soll. Es scheint, daß die Verarbeitung von Bildern nicht wie bei verbalem Material ein Alles-oder-Nichts Prozeß ist, sondern mit zunehmender Betrachtung elaborierter wird (GOMBRICH 1969).

Bilder sind besser integriert, denn sie aktivieren im Gedächtnis wesentlich mehr semantische Inhalte als Wörter und sind dauerhaft in bildhafter Form gespeichert. Bei Worten wird das Aussehen des Wortes getrennt und nur die Bedeutung im Gedächtnis gespeichert. Wörter werden als Gedanken, nicht als Ansammlung von Buchstaben gemerkt. Ein Inhalt wird besser wiedererkannt, wenn er vorher als Bild und nicht als Wort dargeboten wurde (POTTER & FAULCONER 1975).

Obwohl die sequentielle Enkodierung bei Wörtern manchmal besser ist, erscheint die inhaltliche Enkodierung von Bildern fundamentaler (PAIVIO 1969). Die bessere Gedächtnisleistung bei Bildern ergibt sich als äußerst zuverlässiges Phänomen unter den verschiedensten Bedingungen. Es ist wahrscheinlich, daß vor allem in quantitätsmäßiger Beziehung Piktogramme bezüglich ihrer Merkleistung verbalen Bezeichnungen überlegen sind. Wahrscheinlich existieren für bildhaftes und für verbales Material unterschiedliche Formen der Gedächtnisspeicherung.

SMITH (1977) hebt vor allem die Entlastungsfunktion von Piktogrammen auf dem Bildschirm hervor. Semantische Inhalte brauchen nicht mühsam gemerkt werden, sondern sind durch die Visualisierung als Piktogramme immer auf dem Bildschirm verfügbar.

Die Informationsmenge, welche im Gedächtnis bewußt abrufbar ist, ist ziemlich begrenzt (ungefähr 4–7 chunks, was der Kapazität des Kurzzeitgedächtnisses entspricht). Piktogramme entlasten das Kurzzeitgedächtnis und bieten auf diese Weise dem Bewußtsein mehr Raum zu Problemlösungsprozessen.

Möglicherweise sind Piktogramme Wörtern als informationsdarstellendes Medium aus folgenden gedächtnispsychologischen Gründen überlegen:

- Piktogramme vermeiden Kapazitätsüberschreitungen, da das informationsverarbeitende System weniger belastet wird.
- Piktogramme nützen die Speicherkapazität des Gedächtnisses effektiver aus.
- Piktogramme können aufgrund ihrer motivationalen Komponente zu einer Erhöhung der Aufmerksamkeit beitragen. Störeffekte wirken dadurch weniger belastend.
- Piktogramme eignen sich sehr gut dazu, neu zu erlernende Inhalte in bereits vorhandenes Wissen zu integrieren.
- Durch Verwendung des bekannten Kontextes werden Redundanzeffekte geschaffen, die das Lernen erleichtern (vgl. Kapitel 7 „Mentale Modelle").
- Piktogramme, als visuelle Informationsdarstellung, nützen den dualen Kodierungseffekt aus. Die Information wird auf diese Weise vielfältig verankert.
- Piktogramme entlasten das Kurzzeitgedächtnis und bieten daher dem Bewußtsein mehr Raum zu Problemlösungsprozessen.

7. Mentale Modelle

7.1 Wahrnehmungszyklus der Mensch-Computer-Interaktion

Im folgenden Kapitel werden einige Gedanken des Abschnitts 5.3 („Datengesteuerte und erwartungsgeleitete Informationsverarbeitung") weiter ausgeführt.

Um die kognitive Belastung möglichst gering zu halten, ist es wichtig, daß verwendete Bildzeichen den Erwartungen und dem Vorwissen des Benutzers möglichst stark ähneln. Es muß sichergestellt sein, daß vom Benutzer die Piktogramme sinnvoll mit den relevanten Bürovorgängen assoziiert werden.

In der geeigneten Kontextsituation wird die graphische Prägnanz eines visualisierten Vorgangs eine untergeordnete Rolle spielen. Aufgrund des konzeptuell gesteuerten Systems, wird der Benutzer, wenn er das Piktogramm Dokument erwartet, jedes Rechteck, das in der Formgestaltung  nahekommt, als das Zeichen für Dokument identifizieren. Aus diesem Grund ist es unbedingt zu vermeiden, in einem bestimmten Arbeitsmodus graphisch sich ähnelnde Visualisierungen zu verwenden.

Konzeptuell gesteuerte Informationsprozesse können beim Benutzer durch geeignete Hilfen gefestigt werden. Training und sorgfältige Einarbeitung sind Lernprozesse, die es dem Benutzer ermöglichen, ein geeignetes inneres Modell aufzubauen. Durch derartige erklärende Hilfen werden Analogien zwischen Piktogramm und Gegenstand, und damit den Wahrnehmungsvorgang leitende Erwartungen geschaffen.

Einübung und Training unterstützen die interne Repräsentation eines neuen Zeichensystems und die damit verbundene Koppelung mit bereits bekannten Inhalten zu Bürotätigkeiten. Sie sollten jedoch auf jeden Fall durch geeignete Metaphern, die als Modelle auf der Schnittstelle vorgegeben sind, unterstützt werden. So kann der Benutzer das neue Wissen über die Arbeit mit einem Bürocomputer auf alte Wissensbestände aufbauen.

Abb. 41, welche an NEISSER (1979) angelehnt ist, zeigt die wechselseitigen Einflüsse des Bildschirmbenutzers, seiner Handlungen und seiner Umgebung. Das obenstehende Dreieckssegment steht für den Bildschirm, seine Zeichen und das daraus resultierende Informationsangebot, welches sich für jeden Benutzer gleichermaßen ergibt.

Der Computer ist weiterhin von einem Umfeld umgeben, das vielen Einflüssen (z. B. kulturellen, organisatorischen, technologischen, ökonomischen Variablen) unterliegt. Dieses Umfeld, die wirkliche Welt ist dem Benutzer meist nur partiell bekannt, die Informationen sind jedoch potentiell verfügbar. Die reale

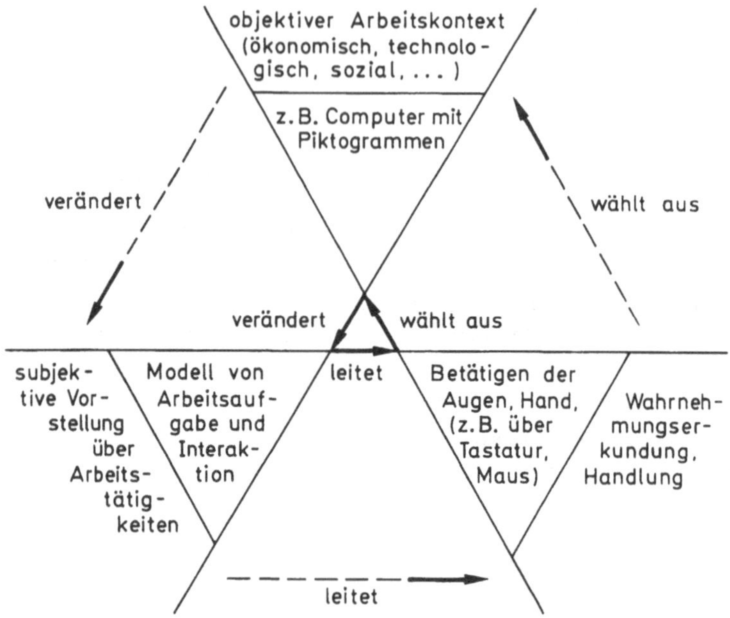

Abb. 41: Der Wahrnehmungszyklus des Computerbenutzers

Umwelt wirkt beständig verändernd auf die kognitiven Schemata des Benutzers ein.

Wie schon bei konzeptuell gesteuerten Wahrnehmungsvorgängen gezeigt, leiten übergeordnete Schemata oder Konzepte die Aufnahme neuer Informationen. Dies geschieht durch gezielte Erkundungsbewegungen. Darunter versteht man die Steuerung der Aufmerksamkeitsprozesse, wie z.B. den psychischen Aufmerksamkeitsprozeß der Konzentration, der mit der Ausblendung uninteressanter, nicht wesentlicher Stimuli einhergeht. Unter den Bereich der Aufmerksamkeitsprozesse fallen jedoch auch physische Erkundungsbewegungen (z.B. Fingerbewegungen zum Steuern des Cursors, Augenbewegungen).

Auf komplexen Ebenen entwickeln sich Erkundungsbewegungen zu umfangreichen Handlungsplänen, die in eine Reihe von Unterzielen, Operatoren, Methoden, Entscheidungsregeln gegliedert sein können. CARD, MORAN & NEWELL (1980, 1983) entwickelten derartige Handlungspläne für Textverarbeitung an Computern im GOMS-Modell.

Die Wahrnehmungserkundung wählt nun gezielt die benötigten Daten der Umwelt aus, wodurch die Datenmenge des informationsverarbeitenden Systems fortlaufend erweitert und verfeinert wird. Schemata und mentale Modelle erfahren eine neue Strukturierung, die sich auf die Erkundungsbewegungen überträgt und damit den Prozeß der Wahrnehmungsfunktion nach neu spezifizierten Auswahlregeln leitet.

Die Vorstellung des Bildschirmbenutzers vom Aussehen eines Ordners wird seine Suchbewegungen steuern, wenn er aus einer Anzahl verschiedener Piktogramme den „Ordner“ auf dem Bildschirm finden will. Analoge Aufmerksamkeitsvorgänge laufen z.B. ab, wenn man genau eine bestimmte Person in einer Menschenmenge finden will. Man sieht dann den Betreffenden innerlich vor sich.

Falls das Ordner-Piktogramm mit den Vorstellungen des Benutzers ausreichend gut übereinstimmt, wird er es schließlich finden. Er wird seine Erwartungen bezüglich der Gestalt des Ordner-Piktogramms an das reale Piktogramm anpassen. In Zukunft wird die Suche schneller und effektiver vonstatten gehen, da Erwartung und reale Gestalt näher beieinander liegen.

Die Beschreibung dieses zyklischen Prozesses ließe sich unbeschränkt fortsetzen, sie zeigt deutlich, wie der Organismus ständig um subjektive Übereinstimmung seiner mentalen Modelle mit den Gegebenheiten der Umwelt bemüht ist.

7.2 Funktionen und Eigenschaften mentaler Modelle

Wie der Wahrnehmungszyklus der Mensch-Computer-Interaktion zeigt, haben mentale Modelle Steuerungsfunktion bei der Wahrnehmung und höheren kognitiven Prozessen. Mentale Modelle entstehen aus Erfahrungen, die während der Interaktion mit der Umwelt im Laufe des Lebens gewonnen werden. Schon DUNCKER (1935) erwähnt, daß Erwartungen und Vorerfahrung das Denken und Handeln entscheidend beeinflussen.

Mentale Modelle unterstützen das menschliche Denken auf verschiedene Weise. Sie dienen dazu, das Verhalten von komplexen Systemen mit einer gewissen Sicherheit vorauszusagen und zu erklären. Außerdem wirken sie als Gedächtnisstütze beim Einprägen neuer Informationen (BARTLETT 1932).

Bei im Produktionsbereich durchgeführten Untersuchungen fand HACKER (1980), daß adäquate Gedächtnisrepräsentation als Grundlage zweckmäßiger Arbeitsverfahren zu Leistungssteigerungen führt, ohne dabei die mentale Beanspruchung zu erhöhen.

Der Arbeiter „macht sich ein Bild“ über seine Aufgaben und versucht mit Hilfe dieses Modells Arbeitsanforderungen, die an ihn gestellt werden, zu lösen. Beispielsweise entwickelt der im Bürobereich Tätige im Laufe der Zeit ein mentales Modell von den Arbeitstätigkeiten des Büros. Wie oben beschrieben, lenkt das mentale Modell die Ausführung von Bürotätigkeiten. Das mentale Modell entwickelt sich vom ersten Aufnehmen der Tätigkeit an fortwährend weiter.

Bei Ungeübtheit in Bürotätigkeiten kann das mentale Modell mit der Zeit noch ziemlich verändert werden. Durch zunehmende Erfahrung mit Bürotätigkeiten wird es jedoch immer gefestigter. Auftretende Veränderungen in der Büroumwelt werden dann eher in bestehende Modelle eingepaßt, als daß das Modell den neuen Gegebenheiten gemäß verändert wird.

Zwar sind mentale Modelle, von pathologischen Fällen abgesehen, nicht völlig starr, jedoch kann die Anpassung, im Vergleich mit der realen Veränderung entweder zu gering sein, oder zu langsam ablaufen.

Mentale Modelle oder auch Schemata sind relativ träge kognitive Strukturen, die sich nur langsam an neue Gegebenheiten anpassen (THORNDIKE & HAYES-ROTH 1979). Sie entstehen teilweise quasi-automatisch durch Beobachtung und Umgang mit den Dingen der Umwelt, teilweise auch durch bewußtes Schlußfolgern und Unterricht.

7.3 Mentale Modelle von Computerbenutzern

In Abschnitt 4.3 wurde die Mensch-Computer-Interaktion als Zusammenspiel der drei Variablen „Benutzer", „Aufgabe" und dem Werkzeug „Computer" beschrieben. Diese Unterteilung soll auch weiterhin beibehalten werden. Zur Bedienung eines Computers braucht der Benutzer somit zwei abgrenzbare Vorstellungsbereiche (siehe auch Abb. 23):

- Das Wissen über die Arbeitsaufgabe (z. B. „Wie bewältige ich die entsprechende Tätigkeit ohne Computerunterstützung?").
- Das Wissen bezüglich der Interaktion (z. B. „Wie muß ich den Computer bedienen, um entsprechende Systemfunktionen zu erreichen?").

Die Unterteilung in mentale Modelle bezüglich der Arbeitsaufgaben und bezüglich der Arbeitsmittel scheint inzwischen weitgehend etabliert (z. B. KIERAS & POLSON in press). Auch STREITZ (1985 a) meint, daß der Computerbenutzer sowohl vor einem Sach- als auch vor einem Interaktionsproblem steht, die er mittels geeigneter mentaler Modelle bewältigen kann.

Der Benutzer besitzt Vorstellungen von allen Bereichen, die zur Aufgabenerfüllung notwendig sind, so daß seine mentalen Modelle bei Bedarf weiter differenziert werden können.

In einer Untersuchung über Lernverläufe bei einem Textkommunikationsgerät teilte DUTKE (1986) die beiden Wissensbereiche Sach- und Interaktionswissen in zwei Ebenen auf. Auf der unteren Ebene sind die Sachverhalte (bezüglich Aufgaben- oder Bedienungswissen) repräsentiert. Die hierarchisch darüberliegende Ebene enthält das Handlungswissen, welches zur betreffenden Tätigkeit (Arbeitsaufgabe oder Bedienung) benötigt wird.

NORMAN (1983b) unterscheidet hingegen zwischen dem Modell des Entwerfers, das dessen Überlegungen und Pläne enthält, und dem Modell des Benutzers, das sich aus dem Zusammenspiel von persönlichem Vorwissen und den Eigenschaften des interaktiven Gerätes (z.B. Computer) entwickelt.

Die folgende Nomenklatur, zur Differenzierung mentaler Modelle, wurde von NORMAN (1983b) übernommen:

Eine *interaktive Einheit* besteht aus mindestens zwei Elementen (Menschen, Maschinen), die fähig sind, wechselseitig auf einander zu reagieren und sich zu beeinflussen. Mentale Modelle beziehen sich immer auf ein System, das eine komplexe, interaktive Einheit (z.B. das Bedienen eines Taschenrechners, das Navigieren eines Segelboots, die Arbeit an einem Computer) darstellt. Das *Zielsystem* wird mit dem Buchstaben „t“ (von „target system“) abgekürzt.

Das *mentale Modell* des Interagierenden stellt sich als Funktion des Zielsystems dar, und wird deshalb als *“m(t)“* bezeichnet.

Auch der Wissenschaftler besitzt ein Modell des Zielsystems, das sich oft vom m(t) des Benutzers unterscheidet. Meist entsteht das Modell des Wissenschaftlers deduktiv aus theoretischen Erkenntnissen, während sich Modell des Agierenden im Laufe praktischer Erfahrung entwickelt.

Das *konzeptuelle Modell* des Schnittstellenentwerfers über das Zielsystem (z.B. Vorgänge im Bürobereich), wird zur Unterscheidung vom mentalen Modell des Benutzers deshalb *„c(t)“* genannt (von „conceptual model“).

YOUNG (1983) trifft noch eine weitere Unterscheidung zwischen dem konzeptuellen Modell des Psychologen und dem des Entwerfers. Der Schnittstellen-Entwerfer und der Psychologe haben unterschiedliche Vorstellungen, sowohl von dem Benutzer, als auch von dem Medium der Interaktion.

Im Idealfall sollen m(t) und c(t) möglichst ähnlich sein. Wenn m(t) und c(t) sehr unterschiedlich sind, hat der Benutzer erhebliche Schwierigkeiten, die vom Entwerfer geschaffenen, interaktiven Geräte zu verstehen und zu bedienen. Dies führt zu wenig effektivem Vorgehen auf der Seite des Benutzers, da er wesentliche Arbeitsschritte aufgrund fehlendem m(t) nicht vollziehen kann.

Als er Benutzer an interaktiven Geräten betrachtete, stellte NORMAN (1983b) folgende Wirkungen von konzeptuellen Vorstellungen (c(t)) und mentalen Modellen (m(t)) fest:

a: Im Verhältnis zu c(t), sind die mentalen Modelle der Benutzer m(t) oft unvollständig.

Vorausgesetzt es handelt sich nicht um Anfänger, bedeutet dies für den Benutzer, daß er entweder das Konzept des Schnittstellen-Entwerfers nicht verstanden hat, oder daß er Teile dieses Konzepts zumindest vorübergehend vergessen hat.

In beiden Fällen ist das konzeptuelle Modell des Entwerfers c(t) zu komplex, um vom Benutzer verarbeitet werden zu können. Zur Lösung dieses Problems kann versucht werden, c(t) zu vereinfachen oder c(t) analog zu anderen, dem Benutzer geläufigen mentalen Modellen zu gestalten.
Eine Möglichkeit wäre, als konzeptuelles Modell das, dem Benutzer geläufige Modell des Anwendungsbereichs (z.B. traditionelles Büro) ohne komplexere Zusatzinformation zu verwenden. Weiterhin sollte es dem Benutzer ermöglicht werden, zwischen verschiedenen Komplexitätsgraden zu wählen.

b: Die mentalen Modelle der Benutzer sind nicht stabil. Vor allem jene Details von m(t), die selten gebraucht werden, geraten leicht in Vergessenheit.

Auch hier gilt, ähnlich wie für Punkt a , daß einfache, überschaubare c(t) leichter zu behalten sind, und daß bereits vorhandene mentale Modelle die Speicherung eines ähnlichen, neuen Modells unterstützen.

c: Mentale Modelle haben keine festen Begrenzungen. M(t) ist oft nur ein vager Handlungsplan. Sich ähnelnde Mittel und Operationen werden leicht miteinander verwechselt.

Verwechslungen können verhindert werden, indem gleich aussehende Einheiten bewußt vermieden werden. Falls dies unmöglich ist, sollten ähnliche Einheiten zumindest durch graphische Gestaltung deutlich von einander unterschieden werden. Eine unterschiedliche Struktur oder Farbgebung der Piktogramme kann die nötige Unterscheidbarkeit schaffen.

Da trotzdem Verwechslungen nicht ausgeschlossen werden können, soll dem Benutzer immer sofortiges Feedback über seine Interaktion gegeben werden. Außerdem sollten die Auswirkungen einer Verwechslung so gering wie möglich gehalten werden.

d: Mentale Modelle sind unwissenschaftlich. M(t) des Bildschirmbenutzers ist selten so rational, wie es im c(t) des Schnittstellen-Entwerfers intendiert war. Bisweilen kann das interaktive Verhalten des Benutzers sogar abergläubische Züge tragen.

Wenn sich auf die Betätigung der Tastatur hin auf dem Bildschirm keine Reaktion zeigt, hämmern manche Benutzer noch viele Male auf der gleichen Eingabetaste herum. Vielleicht vermuten sie, daß das System sie nicht gehört hat. In diesem Fall haben die Benutzer des Computers eine irrationale Vorstellung von der Funktionsweise der Maschine.

Um falsche Interpretationen zu verhindern, sollte der Benutzer sorgfältig in das neue System eingewiesen werden. Neben dieser Grundvoraussetzung sollte er aber auch nach der Einarbeitungszeit die Möglichkeit haben, sich bei auftretenden Ungewißheiten ohne größeren Aufwand an einen Leitbediener oder sonstigen Experten wenden zu können.

e: Mentale Modelle sind sparsam und redundant. Der Benutzer ist eher bereit, umständliche, aber bekannte Operationen zu vollführen, als unbekanntere, effektivere Lösungswege zu verwenden. Zusätzliche Arbeit wird in Kauf genommen, um mentale Komplexität zu vermindern.

Für den Schnittstellen-Entwickler hat dies zwei Konsequenzen: Zum einen sollten komplexe c(t) soweit wie möglich vereinfacht werden. Zum zweiten ist es wichtig, besonders die komplizierteren Aspekte des konzeptuellen Modells während der Interaktion, bei Hilfemeldungen und bei der Schulung aufzuzeigen. Da m(t) vor allem den Basisplan der Handlung enthält, kann dieser auf dem Bildschirm weniger ausführlich dargestellt werden. Davon abweichende, weiterführende Handlungen sollten jedoch, weil sie in m(t) nur unzureichend vorhanden sind, am Bildschirm deutlich, z.B. in Form von Piktogrammen, ausgeführt sein.

f: Mentale Modelle bezüglich eines einzigen Zielsystems sind bei verschiedenen Benutzern nie gleich ausgebildet.

Auch wenn die Basisstruktur interindividuell übereinstimmen mag, so zeigt m(t) doch subjektive Unterschiede. Dieses Bedürfnis nach individueller Gestaltung soll berücksichtigt werden. Jedoch müssen dem Benutzer auch die Grenzen seiner Gestaltungsmöglichkeiten vermittelt werden, um Störungen und Fehler zu vermeiden.

7.4 Mentale Modelle beim Schnittstellen-Entwurf

Der an einem Computer Tätige wird sich sein mentales Modell nicht nur durch eine „Versuch und Irrtum"-Strategie selber erarbeiten, sondern er wird auch Teile davon von erfahrenen Mitarbeitern oder Lehrern übernehmen.

CARROLL & MACK (1983) meinen, daß Benutzer von Textsystemen selten rational vorgehen, wenn sie ein neues Gerät bedienen. Bedienungshandbücher werden nur ungern zu Rate gezogen, stattdessen wird einfach „drauflosprobiert", so daß Mißerfolgserlebnisse relativ häufig sind. Durch dieses „learning by doing" testet der Benutzer neue Wege spielerisch aus, er entwickelt neue Vorstellungen, die er zu bereits bekannten Modellen in Beziehung setzt.

Hier wird die Wichtigkeit von Kompatibilität, ein Problem, das sich über alle Bereiche der Mensch-Maschine-Interaktion erstreckt, besonders deutlich. Der Benutzer lernt umso schneller und effektiver, je besser das neue Wissen zu den ihm bekannten Modellen paßt.

WAERN & RABENIUS (1985) erklärten Benutzungsanfängern die Funktionsweise eines Textsystems mit Hilfe von unterschiedlichen Modellen. Je nach vorgegebenem Modell hatten die Benutzer Vorteile bzw. Schwierigkeiten bei der Interaktion.

Der Schnittstellen-Entwerfer ist hier in einem Dilemma: Gleichgültig welche Analogie er vorgibt, in einem Teilausschnitt weist diese vielleicht Lücken auf, die zu Verständnisschwierigkeiten führen. Ist in der Benutzerschnittstelle keinerlei Modell verwendet, so benötigt der Benutzer bei erhöhter Fehlerhäufigkeit mehr Zeit zum Lernen. Außerdem wird er sich ein eigenes Modell zurechtbasteln, das wahrscheinlich noch größere Lücken aufweist als ein vorgegebenes.

Entscheidend ist, wie gut die Konzeption der Schnittstelle zum beim Benutzer bereits vorhandenen Wissen und zu den Arbeitsaufgaben paßt. Ist das Aufgabenwissen aus seinem gewohnten Arbeitsbereich in dem Arbeitsmittel Computer in ähnlicher Form repräsentiert? Kann er Bedienungswissen, das er bereits an einem anderen Gerät erworben hat, auch an dem neuen Computer nützen?

Beim Benutzer bereits vorhandene Modelle können auch den Lernvorgang an einem neuen Gerät erschweren. WAERN (1985) spricht von negativen Transfer-Effekten, wenn die gleiche Funktion an dem neuen Gerät eine andere Reaktion hervorruft als die gewohnte. Beispielsweise haben viele Schreibkräfte Probleme mit der Leertaste, wenn sie sich von der Schreibmaschine auf ein automatisches Textsystem umstellen.
Falls an der Schreibmaschine die Leertaste bedient wird, wird lediglich das Papier nach links gezogen, wobei das bereits Geschriebene nicht beeinflußt wird. Bei einem Textsystem führt das Betätigen der Leertaste entweder dazu, daß Leerzeichen in den Text eingeschoben werden (im Einfügemodus) oder dazu, daß das bereits Geschriebene mit Leerzeichen überschrieben wird. Für die Schreibkraft, bei der durch langjähriges Arbeiten mit der Schreibmaschine bestimmte Arbeitshandlungen so automatisiert sind, daß sie unbewußt ablaufen, können somit erhebliche Frustrationen entstehen.

Auch HALASZ & MORAN (1982) warnen davor, dem Benutzer Analogien als Lernhilfe anzubieten, weil dadurch neuartiges Wissen in verzerrter Weise vom Benutzer interpretiert wird und neuartige Funktionen nur lückenhaft erklärt werden. Oft decken Analogien ein neues Wissensgebiet nur teilweise ab, so daß Details des Ausgangsmodells im Zielmodell nicht verwirklicht sind. Dies führt fast zwangsläufig zu Mißverständnissen beim Benutzer.

STREITZ (1985b) unterscheidet zwei Arten von Analogien, die auch beim Schnittstellenentwurf eine Rolle spielen könnten. Bei Analogien erster Art besitzen zwei Realitätsbereiche dieselbe Grundstruktur. Falls sie vorhanden sind, sollten derartige Modelle und Analogien beim Entwurf unbedingt berücksichtigt werden.

Problematischer ist dagegen die Verwendung von Analogien zweiter Art, denn hier ist die Struktur der beiden Realitätsbereiche nicht identisch, auch wenn dies vielleicht auf den ersten Blick so wirkt. Falls solche Analogien bei der Systemgestaltung verwendet werden, so sollten die Strukturunterschiede deutlich hervorgehoben werden.

Die Verwendung von Modellen erfordert Kenntnisse über das bereits vorhandene Benutzerwissen (FISCHER 1982). Darauf aufbauend sollten mehrere kompatible Metaphern und Analogien zu einem stimmigen Gesamtmodell zusammengesetzt werden, das möglichst viele Funktionen des Systems abdeckt. Funktionen, die nicht von dem Modell erfaßt werden, sollten besonders deutlich gekennzeichnet werden.

Bei der Konzeption einer ergonomischen Schnittstelle für Computers sollte wie in Abb. 42 geschildert vorgegangen werden:

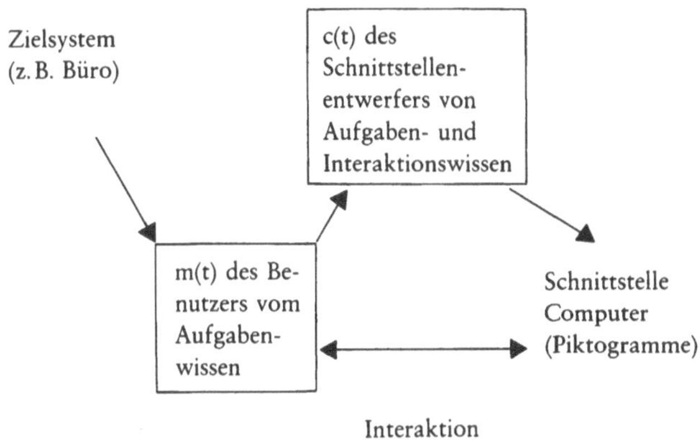

Abb. 42: Benutzerorientiertes Vorgehen beim Schnittstellenentwurf

Um die Unterschiede zwischen m(t), den Modellen des Benutzers bezüglich Arbeits- und Interaktionsaufgabe und c(t), dem konzeptionellen Modell des Schnittstellen-Entwerfers möglichst gering zu halten empfiehlt sich folgendes Vorgehen (NORMAN 1983b; STAUFER 1986):

- Bei der Entwicklung von c(t) soll der Schnittstellen-Entwerfer darauf achten, ob in der Benutzerpopulation nicht bereits schon tragfähige Vorstellungen zu analogen Funktionen existieren. Diese Modelle sollten in das c(t) des Systems miteinbezogen werden.
- c(t) soll möglichst einheitlich und durchsichtig sein.
- c(t) soll an die unterschiedlichen Bedürfnisse verschiedener Benutzer anpaßbar sein.
- c(t) soll frühzeitig, wenn möglich mit Hilfe von Prototypen, an der Benutzerpopulation erprobt werden. Um m(t) zu ergründen, muß der Benutzer befragt und beobachtet werden.

„In the ideal world, the system image will be consistent with the designer's conceptualization, and the user's mental model will thereby be consistent with both" (NORMAN 1983b, p. 14).

7.5 Direkte Manipulation und Piktogramme

Bürocomputer, die mit Piktogrammen und „Maus" (Bedienelement zur Cursorsteuerung) arbeiten, wurden zumeist recht positiv beurteilt (FÄHNRICH & ZIEGLER 1983; F.A.Z. 1983; LIM et al. 1983).

Stellvertretend für viele Systeme soll hier die Gestaltungsgrundlage des Xerox-Star unter kognitiven Aspekten erläutert werden, weil dies das erste kommerzielle Bürosystem war, das die Analogie elektronischen Schreibtisches verwendete.

Die Philosophie des Xerox Star war „What You See Is What You Get" (WYSIWYG)(SMITH et al. 1982). Genauso treffend wäre auch der Leitspruch „What You See Is Your Mental Model of the Office". Der Star war der erste Versuch, die Schnittstelle an den Benutzer anzupassen, indem das mentale Modell des Benutzers (über den Arbeitskontext Büro) möglichst konsequent bei der Konzeptualisierung des Systems als Richtschnur verwendet wurde.

Es scheint leichter zu sein, neue mentale Modelle aufzubauen, als alte Modelle angemessen an veränderte Gegebenheiten anzupassen. Die geringste kognitive Belastung erfordert es jedoch, bereits vorhandene Modelle auf neue Sachverhalte zu übertragen, falls die beiden Realitätsbereiche weitgehend identisch sind.

Xerox bezeichnet seinen Star als „Metapher für das Büro". Bürovorgänge werden auf dem Bildschirm in möglichst analoger Abbildung der realen Vorgänge dargestellt. SMITH et al. (1982) erläutern die Zielsetzungen, welche bei der Entwicklung dieser „bildhaft-analogen Schnittstelle" maßgebend waren.

Als Grundsatz der Systementwicklung diente das mentale Modell des typischen Benutzers eines Bürocomputers, sein Aufgabenwissen bezüglich des Büros. Die Eigenschaften des Benutzerkonzepts wurden vor Entwicklung der Software bestimmt: „... the paramount concern was to define a conceptual model of how the user would relate to the system. Hardware and software followed from this" (SEYBOLD 1981; zitiert nach SMITH et al. 1982, p. 246).

Dem Benutzer wird ermöglicht, seine bestehenden mentalen Modelle, die er von Büroaufgaben hat, relativ unverändert beim Bürocomputer anzuwenden.

Physische Objekte des Büros (Papier, Notizblock, Akten) werden durch Piktogramme (icons) dargestellt. Das Analogon zum Schreibtisch ist die Bildschirmoberfläche. In seiner Gesamtheit steht der Bildschirm jedoch für den ganzen semantischen Raum des mentalen Modells „Büro". Mit der Maus wird die Bewegung der physischen Objekte durch Ortsveränderung der Piktogramme auf der Bildschirmebene symbolisiert.

Eine Ausrichtung der Schnittstelle am mentalen Modell des Benutzers verlangt unter Umständen auch, daß Gestaltungskriterien, die sich auf anderen Systemen bereits etabliert haben, abgeändert werden.

SMITH et al. (1982) berichten, daß viele elektronische Post-Systeme zwischen Botschaften und Dateien unterscheiden, und deshalb auch bei deren Versendung verschiedene Programme verwendet werden. In einem realen Büro existiert dieser Unterschied jedoch nicht. Ankommende Nachrichten erscheinen zuerst als „Posteingang“, ganz gleich welcher Herkunft sie sind (Abb. 43).

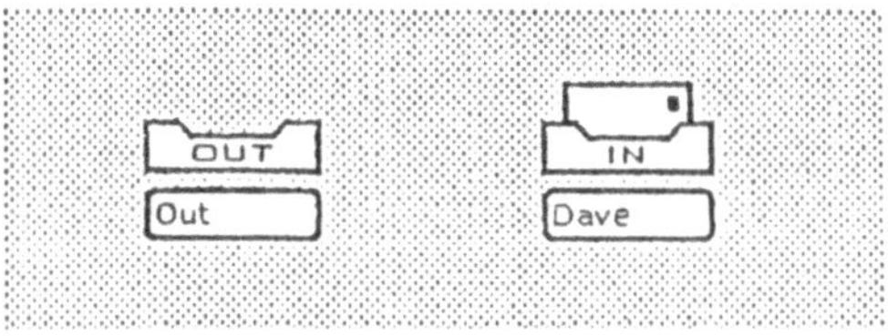

Abb. 43: Posteingang und Postausgang beim Star (SMITH et al. 1982, p. 253)

Da in den meisten Büros die Post durch eine zentrale Poststelle verschickt wird, enthält der konzeptuelle Entwurf auch nicht den Befehl „send mail“. Zu verschickende Information wird adressiert und mit Hilfe der Maus in das Postausgang-Piktogramm gelegt.

Funktionen, die zwar mit dem Computer möglich sind, aber nicht im realen Büro auftreten, sollten so abgeändert werden, daß sie mit den Modellvorstellungen des Büros kompatibel sind. Es ist möglich, daß sich derartige Funktionen in vielen Fällen nur schwer durch Piktogramme darstellen lassen. Auf solche Funktionen ganz zu verzichten wäre unklug, denn gerade sie schaffen die Vorteile und Erleichterungen des Computers, nämlich komplexe Mengen von Information rasch zu verarbeiten.

Computerfunktionen, die im Aufgabenmodell des Benutzers nicht vorkommen, könnten z. B. als besonders gestaltete Bildzeichen hervorgehoben werden.

Wenn im realen Büro ein Schriftstück bearbeitet werden soll, holt es der Sachbearbeiter hervor und richtet seine Konzentration auf dieses Schriftstück. Dieser Vorgang wird durch das Öffnen eines Fensters dargestellt (Fenstertechnik). Das jeweilige Dokument kann dann einen beliebig großen Teil der Bildschirmoberfläche einnehmen.

Die eben am Beispiel des Xerox-Star beschriebene Interaktionsform ist allgemeiner unter dem Begriff „direkte Manipulation“ bekannt. Dieser Begriff läßt sich nicht streng definieren, sondern dient eher als Klassifizierungshilfe für ein bestimmtes Gestaltungsprinzip von Mensch-Computer-Schnittstellen.

SHNEIDERMAN (1974, 1982 und 1983), der den Begriff geprägt hat, definiert „direkte Manipulation“ folgendermaßen:

1. Die verwendeten Objekte (z. B. Dokumente, Hilfsmittel) sind dauerhaft auf der Schnittstelle repräsentiert.

2. Der Benutzer vollzieht physische Aktionen (z.B. Mausbedienung, Knopfdruck).
3. Operationen sollen reversibel sein und ihre Effekte auf die beteiligten Objekte sollen sofort sichtbar sein (z.B. gelöschtes Dokument verschwindet, kann aber aus dem Papierkorb geholt werden).

Bei direkter Manipulation erhält der Benutzer eine unmittelbare Rückkoppelung über Aktionen, die er mit seinen Händen ausführt. Die Beziehung zwischen der physikalischen Ebene und der semantischen Ebene soll möglichst direkt sein. Abb. 44 veranschaulicht in einem 4-Ebenen Modell einige Eigenschaften von direkt manipulativen Schnittstellen:

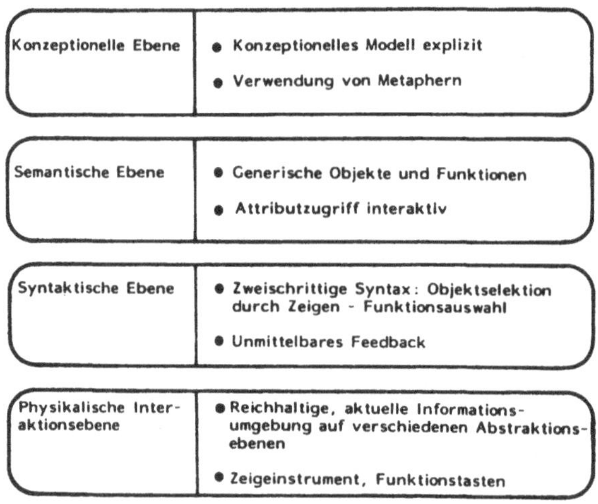

Abb. 44: Schichtenmodell von direkt manipulativen Schnittstellen (nach FÄHNRICH & ZIEGLER 1985. Direkte Manipulation als Interaktionsform an Arbeitsplatzrechnern, p. 78. In: BULLINGER, H. J. (Ed.). Berichte des German Chapter of the ACM Bd. 24, Software-Ergonomie 1985. Mensch-Computer-Interaktion. Stuttgart: Teubner).

Direkte Manipulation ist nicht auf Bürocomputer beschränkt, sondern bezieht sich auf alle Arten der Mensch-Computer-Interaktion. Beispielsweise haben viele Computerspiele eine Schnittstelle, bei der direkte Manipulation besonders gut verwirklicht ist. Wie am Beispiel des Xerox-Star gezeigt wurde, verlangt direkte Manipulation vor allem Aufgabenwissen, das der Benutzer meistens schon in seinem Tätigkeitsfeld als entsprechendes Modell verinnerlicht hat. Interaktionswissen, das vielen Benutzern Schwierigkeiten bereitet und Aversionen gegen den Computer erzeugt, wird kaum benötigt bzw. ist nur mit geringen kognitiven Zusatzbelastungen verbunden. Die kognitiven Ressourcen stehen somit für die eigentliche Arbeitsaufgabe zur Verfügung.

SHNEIDERMAN (1982) meint, daß Schnittstellen mit direkter Manipulation folgende Vorzüge aufweisen:

1. Anfänger können die Grundfunktionen rasch erlernen.
2. Experten können schnell eine Vielfalt von Aufgaben durchführen und sich durch Koppelungen neue Funktionen definieren.
3. Gelegenheitsbenutzer können Systemfunktionen leichter behalten.
4. Der Benutzer erkennt sofort, ob seine Handlung zum gewüschten Ziel führt und kann ohne Zeitverlust reagieren.
5. Fehlermeldungen sind selten nötig.
6. Die Angst des Benutzers (siehe auch Abschnitt 4.6 „Angst versus Kontrolle“) wird wegen der augenscheinlichen Verständlichkeit und Reversibilität der Aktionen reduziert.

Eine Studie von FÄHNRICH & ZIEGLER (1985) erbrachte unter anderem, daß Gruppen mit unterschiedlichen DV-Vorkenntnissen nahezu gleich gut mit dem direkt manipulativen System zurechtkamen. Außerdem waren die Leistungen der Anfängergruppe nicht wesentlich schlechter, als die von erfahrenen Benutzern. Diese Ergebnisse bestätigen einige von SHNEIDERMANs (1982) Thesen.

Wesentliche Kriterien von direkt manipulativen Schnittstellen sind die Verwendung eines Zeigeinstruments (z.B. Maus, Joystick) und die Realisierung von Objekten durch Piktogramme.

Direkte Manipulation scheint vor allem in der Lernphase dem Benutzer Vorteile zu bringen. Ein breites Einsatzfeld für diese Dialogform eröffnet sich wahrscheinlich bei integrierten Systemen mit verschiedenen Anwendungen. Für manche Anwendungssysteme (z.B. in der Fertigung) sind die Möglichkeiten von direkter Manipulation sehr vielversprechend. Leider existieren bisher kaum vergleichende empirische Ergebnisse zu dieser Interaktionsform.

Es eröffnen sich daher noch eine Reihe von Forschungsfragen, wie z.B.: Für welche Arbeitsaufgaben ist direkte Manipulation geeignet und bei welchen sind andere Interaktionsformen vorzuziehen? Erlaubt sie auch dem Experten eine kreative und effiziente Arbeitsweise oder wirkt sie ab einer gewissen Qualifikation eher hemmend? Welche spezifischen Fehlerquellen können bei direkter Manipulation auftreten?

Die Verwendung von Piktogrammen ist ein wichtiger Aspekt bei direkt manipulativen Schnittstellen. Da sie sich besonders gut für die Darstellung von Objekten eignen, ist bei Piktogrammen die formale Distanz relativ gering. Nach HUTCHINS, HOLLAN & NORMAN (1986) bedeutet „formale Distanz“ eines Objekts die Beziehung zwischen seiner Bedeutung und seiner physischen Form in der jeweiligen Interaktionssprache. Sicherlich besteht zwischen dem Piktogramm  und einem realen Dokument ein beträchtlicher Unterschied, jedoch ist das Bildzeichen der Gestalt des realen Objekts ähnlicher, als das geschriebene Wort.

Eine Untersuchung von ROHR (1984) deutet an, daß Piktogramme eher als verbale Kommandos es dem Benutzer erleichtern, ein mentales Modell von der Struktur eines Textsystems aufzubauen.

Nach dem Konzept von WILLIAMS et al. (1983), bestehen mentale Modelle aus autonomen Untereinheiten, die topologisch miteinander verknüpft sind. Eine autonome Untereinheit repräsentiert einen bestimmten Zustand, seine Beziehung zu anderen Objekten und einen Satz von internen Variablen.
Die Untereinheiten, als konstituierende Teile von Benutzerwissen sollten durch Piktogramme dargestellt werden. Der primäre Schritt des Evaluierungsprozesses ist es deshalb, die Vorstellungen des Benutzers von Arbeitsaufgaben und Interaktion (bei Erfahrung mit anderen Computern) zu ermitteln. Danach werden die semantisch tragenden Einheiten des Aufgabenwissens bestimmt. Diese semantisch markanten Stellen sollen durch Piktogramme visualisiert werden. Das konzeptuelle Modell des System- und Schnittstellenentwerfers sollte dann die wesentlichen Vorstellungen des Benutzers enthalten.

8. Ermittlung von Vorstellungen des Benutzers

8.1 Produktion von Piktogrammen mit Hilfe des Aufgabenwissens

ORTMANN (1984, p. 50) meint: „Durch die Brille der Modellkonstruktion sieht und interpretiert man Realität mittels begrifflicher Raster ..." Genauso ergeht es manchen Psychologen, Schnittstellenentwerfern und Informatikern, die ihre persönlichen Modelle zur Grundlage der Systementwicklung machen. In einer Befragung (v. BENDA et al. 1985) gaben die meisten der interviewten Systemprogrammierer an, daß sie sich selbst als Modell beim Systementwurf nehmen. Die negativen Folgen einer solchen Einstellung sind häufig, daß der Kunde bzw. Benutzer sich nach Fertigstellung des Systems nicht modelladäquat verhält, Fehler begeht und unzufrieden ist.

Der Schnittstellenentwerfer sollte seine eigenen Modelle bezüglich Interaktion oder Arbeitsaufgaben möglichst zurückstellen. TAUBER (1985) schlägt vor, die Kognitionen und Vorstellungen des zukünftigen Benutzers zur Grundlage beim Entwurf eines neuen Systems zu machen, was am besten durch interdisziplinäre Zusammenarbeit von Informatikern und Psychologen geleistet werden kann.

Auf empirischen Wege sollte versucht werden, ein „durchschnittliches Modell des Benutzers" zu erheben, und aufgrund dieser Daten das System und die Schnittstelle zu gestalten. Falls in der Benutzergruppe kein einheitliches Bedienungswissen, das z. B. in der Interaktion mit einem bestimmten Gerätetytp erlernt wurde, vorhanden ist, so soll zumindest das Aufgabenwissen beim Schnittstellenentwurf berücksichtigt werden. Um Piktogramme für die Schnittstelle eines Computers zu gewinnen, sollten deshalb die Vorstellungen der Benutzer über Arbeitstätigkeiten ermittelt werden.

Wie oben bereits beschrieben, eignen sich Piktogramme besonders gut dazu, semantische Untereinheiten mentaler Modelle darzustellen. Um jene Untereinheiten näher zu bestimmen, muß zuerst das mentale Modell des Benutzers empirisch erfaßt werden. Im folgenden werden einige Vorgehensweisen beschrieben, die zur Ermittlung des Benutzerwissens geeignet sind. Diese Verfahren werden beispielhaft für das Tätigkeitsfeld des Büros erläutert. Dennoch gelten die Vorgehensweisen auch für andere Arbeits- und Anwendungsbereiche.

Am besten eignen sich dazu die qualitativen Methoden der Sozialwissenschaften. Erklärende Einblicke und charakteristische Beispiele des Benutzerverhaltens sind wichtiger als unabhängige Variablen und statistische Signifikanzen. Die Fertigkeit und das Verständnis des Interviewers bzw. des Beobachtenden trägt ein Wesentliches zur Qualität der Ergebnisse bei.

Wenn sich aufgrund einer derartigen explorativen Observation interessante Aspekte ergeben, können diese später in kontrollierten Studien weiter ausgearbeitet werden.

Die Vorstellungen über Bürotätigkeiten können z.B. anhand folgender Aspekte analysiert werden:
- Ist die Bürotätigkeit prozeßhafter Natur?
- Wie häufig treten bestimmte Handlungsteile auf?
- Erscheinen sie dabei in gleichen oder in verschiedenen Prozessen?
- Folgen gewisse Einzelhandlungen regelmäßig auf bestimmte Handlungsteile?
- Lassen sich über- und untergeordnete Handlungsaspekte erkennen?

8.2 Bestimmung des Benutzermodells

Jeder im Büro Tätige benützt unterschiedliche Strategien, um die anfallende Informationsmenge in, auf, oder neben seinem Schreibtisch zu ordnen (MALONE 1983: „How Do People Organize Their Desks?")

Um die Funktionsweise dieser Handlungspläne zu ergründen, sollen die Benutzer verschiedene Bürotätigkeiten beschreiben. Diese Beschreibungen zeigen, auf welche Art Büroarbeiten strukturiert sind, wie im Büro Tätige Information organisieren (deskriptiv), warum sie die Information gerade in der bestimmten Weise organisieren (explikativ).

Die im Bürobereich Beschäftigten werden aufgefordert, bestimmte Arbeiten ihres Tätigkeitsbereichs zu erläutern. Dies kann entweder mündlich in Interviews, in Form von schriftlichen Protokollen, durch Beobachtung oder auch durch standardisierte Verfahren erfolgen.

Die Beschreibung soll dabei keine vorgegebenen Normvorschriften beinhalten, sondern möglichst die subjektive Sicht des Betroffenen darstellen (LEWIS & MACK 1982). Gerade die persönliche Sichtweise zeigt das mentale Modell des Büroarbeiters.

Es ist zu erwarten, daß diese Beschreibungen das interindividuell unterschiedliche Erleben des gleichen Bürovorgangs verdeutlichen. Im Extremfall könnte es sein, daß dieselbe Tätigkeit bei jedem Büroangestellten unterschiedlich repräsentiert ist.

Sofern sich diese Unterschiede nur auf Feinheiten beziehen, sind sie für die Erstellung von Piktogrammen weniger gravierend. Da Piktogramme semantische Untereinheiten repräsentieren sollen, sind die unterschiedlichen Beschreibungen auf Gemeinsamkeiten hin zu analysieren. Lassen sich gemeinsame Untereinheiten nicht finden, so ist die Verwendung von Piktogrammen stark erschwert.

8.2.1 Fragebogen

Daten über mentale Modelle per Fragebogen zu gewinnen, bietet vor allem den Vorteil einer ökonomischen Arbeitsweise (ROOT & DRAPER 1983). Besonders bei einer Vielzahl von Erhebungen verringert sich der Gesamtaufwand. Dabei können die Ergebnisse oft sehr einfach systematisiert und ausgewertet werden. Der Vorzug der Standardisierung wirkt sich jedoch als beträchtlicher Nachteil aus, wenn *neue* Informationen über das Wissen des im Büro Tätigen gesucht sind. Wonach soll gefragt werden, wenn über den relevanten Bereich fast überhaupt noch nichts bekannt ist (siehe auch Abschnitt 3 „Bürotätigkeiten")? Hier ist das freie Interview, das von einem geschultem Gesprächsführer vorsichtig gesteuert wird, sicherlich effektiver. Wenn jedoch bereits Vorkenntnisse über das Benutzerwissen vorhanden sind, so kann dies mittels Fragebogen auf relativ bequeme Art an einer größeren Stichprobe objektiviert werden.

Beispielsweise beleuchten folgende Fragen die Organisation von Information im Bürobereich (nach MALONE 1983):

„Bestimmen Sie auf einer Skala von 1 bis 5 wie gut Ihr Büro organisiert ist?" (1 = sehr gut organisiert; 3 = durchschnittlich; 5 = schlecht organisiert;)

„Was ist Ihr größtes Problem mit der Organisationsform Ihres Büros?"

„Führen Sie einen Terminkalender?"

„Wie oft können Sie etwas in Ihrem Büro nicht finden?" (Anzahl der erfolglosen Suchprozesse pro Woche, pro Monat).

„Wie oft vergessen Sie etwas zu tun, das Sie sich vorgenommen hatten?" (Anzahl pro Woche, Monat).

8.2.2 Interview

Obwohl es mit mehr Zeitaufwand verbunden ist, sollten nach Möglichkeit nur Einzelgespräche geführt werden. Dadurch können die aus der Sozialpsychologie bekannten verfälschenden Einflüsse der Gruppe vermieden werden. Der Interviewer soll sich darüber im klaren sein, daß es sich bei dem Gespräch nicht um einen „herrschaftsfreien Dialog" handelt. Der im Büro Tätige ist meistens mehr oder weniger dazu gezwungen worden, an dem Gespräch teilzunehmen. Deshalb sollte sich der Interviewer darum bemühen, die Atmosphäre möglichst positiv und entspannt zu gestalten, um ein Maximum an brauchbarer Information zu erhalten.

Die Fähigkeit, persönliche Vorstellungen zu verbalisieren ist oft eingeschränkt. Auch kann der soziale Aufforderungscharakter der Befragungssituation die Darstellung des Angestellten verfälschen. Dann beschreibt er möglicherweise das, was er in der gegebenen Situation für opportun hält. Schlimmstenfalls schildert er die Bürotätigkeit so, wie er sie verrichten sollte und verzichtet völlig darauf, seinen subjektiven Handlungsplan zu erwähnen.

Dies setzt beim Gesprächspartner gewisse Fertigkeiten voraus. Der Interviewer hat darauf zu achten, die Erwartungshaltung in die richtige Richtung zu lenken. Nur das mentale Modell des im Büro Tätigen ist interessant; Rechtfertigungen und Erklärungen sind in diesem Zusammenhang nicht relevant.

Im allgemeinen werden drei unterschiedliche Freiheitsgrade bei Interviews unterschieden:
- das freie Interview,
- das halbstandardisierte Interview,
- das standardisierte Interview.

Das standardisierte Interview erlaubt keine Freiheit in Bezug auf Formulierung und Reihenfolge der Fragen. Das halbstandardisierte Interview läßt dem Interviewer gewisse Freiheiten bei Form und Abfolge der Fragen. Die Fragenbereiche sind jedoch fest vorgegeben. Das standardisierte Interview hat den Vorteil, daß Informationen von verschiedenen Gesprächen untereinander leichter vergleichbar sind.

Das freie Interview ist „jedoch" insofern zuverlässiger, als es lebensnähere Antworten ermöglicht. Außerdem erlaubt es ein elastischeres Vorgehen bei der Befragung (MACCOBY & MACCOBY 1966).

Beim Ermitteln der Vorstellungen der im Büro Tätigen empfiehlt sich in den meisten Fällen die Form des freien Interviews. Es sollte jedoch durch einen themenzentrierten Leitfaden abgesichert sein, damit alle Bereiche vollständig erfaßt werden.

Bei der *Frageform* wird zwischen geschlossenen und offenen Fragen unterschieden. Um das Benutzermodell zu bestimmen, ist es meist günstiger offene Fragen zu wählen (z.B. „Schildern Sie mir Ihren Tätigkeitsbereich?" „Was würden Sie tun, um Bürotätigkeit X zu erledigen?" „Wie würden Sie dabei genau vorgehen?" „Warum würden Sie so, und nicht anders handeln?").

Offene Fragen sind gesprächsfreundlicher und können somit den Kontakt verbessern. Sie erlauben Spontanität, weil die Antworten nicht durch vorgegebene Kategorien beeinflußt und dadurch eventuell verzerrt werden. Die persönlichen Vorstellungen des Gesprächspartners werden besser sichtbar.

Möglicherweise benützt der im Büro Tätige für bestimmte Objekte und Tätigkeiten seines Arbeitsfeldes eine Ortskodierung. In diesem Fall kann der Interviewer den Büroangestellten bitten, ihn „durch seinen Arbeitsbereich zu führen". Er soll dem Interviewer seinen Tätigkeitsbereich zeigen und dabei Objekte und deren Funktionen erläutern. Der Interviewer kann an relevanten Stellen genauer nachfragen (z.B. „Warum ist dieses Ding gerade hier und nicht dort?").

Sehr häufig sind Vorstellungen und Aktionen mit den dazugehörigen Handlungsplänen verknüpft. Der im Büro Tätige sollte deshalb aufgefordert werden, einige Objekte des Bürobereichs zu suchen und hervorzuholen. Es wird sich zeigen, welche Objekte leicht und welche schwer zu finden sind. Auf diese Weise werden die Strategien zur Ablage und Ordnung von Information im Büro ermittelt.

Eine weitere Möglichkeit den Benutzer zu aktiver Beteiligung anzuregen ist es, ihm bestimmte Büroaufgaben zu stellen. Daraufhin werden sowohl verbale Äußerungen, als auch aktive Handlungen des Interviewpartners protokolliert (HALASZ & MORAN 1983).

Nach der Aufwärmphase des Gesprächs kann der Interviewer die Vorstellungen des Benutzers gezielter mit geschlossenen Fragen angehen. Er kann diejenigen Punkte, auf die es ihm ankommt direkt ansprechen (z.B. „Ist die Ablage alphabetisch oder chronologisch?“). Geschlossene Fragen bieten den Vorteil, daß die Antworten sich leichter kategorisieren und quantifizieren lassen.

Vom Interviewten verlangen offene Fragen primär, sich an etwas zu erinnern, während geschlossene Fragen eher erfordern, etwas wiederzuerkennen. MACCOBY & MACCOBY (1966) folgern daraus, daß offene Fragen schwerer zu beantworten sind. Es ist jedoch anzunehmen, daß dies hauptsächlich für Personen mit begrenztem sprachlichen Ausdrucksvermögen gilt.

Der *Inhalt der Fragen* ergibt sich aus dem Arbeitsbereich über den die Vorstellungen des im Büro Tätigen erforscht werden sollen.

Mentale Modelle verschiedener Benutzer zeigen meistens unterschiedliche Ausprägungsformen. Um eine Art gemeinsamen Nenner für das Modell des Prototyps zu finden, wäre es möglich, die Benutzer mit Konzepten anderer Benutzer zu derselben Bürotätigkeit zu konfrontieren. Auf diese Weise wird ein qualitativer Vergleich, bei dem die Bewertung von der Benutzerseite aus erfolgt, ermöglicht.

Dabei werden einem Benutzer mehrere mentale Modelle einer Bürotätigkeit präsentiert. Er soll dann die Unterschiede der Modelle diskutieren, sowohl Vor- und Nachteile, als auch Verständnisschwierigkeiten begründen. Außerdem könnte er das ihm am treffendsten erscheinende Modell bestimmen (GENTNER & GENTNER 1983).

Grenzformen des Interviews wie z.B. „Lautes Denken“ (ERICSON & SIMON 1980) werden hier nicht behandelt, weil sie beim Interviewer ein erhebliches Maß an Schulung voraussetzen.

8.2.3 Beobachtung

NORMAN (1983b) meint, daß Benutzer ihre mentalen Modelle nur in begrenztem Umfang mitteilen können. Automatisierte Vorgänge sind nicht mehr bewußtseinspflichtig. Aus diesem Grund sind verbale Beschreibungen zwar hilfreich, aber oft nicht vollständig. Unter Umständen können Beschreibungen der Benutzer sogar falsch – im Vergleich zu ihren mentalen Modellen – sein. In diesem Fall unterscheidet das wirkliche Handeln des Büroarbeiters sich stark von seinen Vorstellungen (Handlungsplan).

Auch aufgrund der beschränkten Ausdrucksmöglichkeiten der Sprache sind verbale Beschreibungen manchmal unzureichend. Es kann schwierig sein, ein mentales Modell mit den passenden Worten zu charakterisieren.

Die Beschreibungen des Benutzers charakterisieren das mentale Modell anhand von subjektiven Daten. Das Beobachten einer Bürotätigkeit liefert eher objektive Daten, von denen hypothetisch auf die kognitiven Verarbeitungsprozesse des Bürotätigen geschlossen werden kann.

Die sogenannte teilnehmende Beobachtung gilt in den Sozialwissenschaften als eine valide Methode, weil das Verhalten nicht durch das Erleben des Beobachtetwerdens beeinflußt wird. Leider ist die teilnehmende Beobachtung mit einem hohem Zeitaufwand verbunden.

Allgemein werden bei der Beobachtung die relevanten Bürotätigkeiten registriert und protokolliert, möglichst ohne dabei die anderen Angestellten zu beeinflussen.

Es wäre günstig, wenn die Bürotätigkeiten mit Video oder Tonband aufgezeichnet würden, um nachher von mehreren Beurteilern analysiert werden zu können. Obwohl Interviews gute qualitative Ergebnisse bringen, kann nur eine orginalgetreue Aufnahme den wirklichen Ablauf der Bürotätigkeit vermitteln.

8.2.4 Arbeitsanalyse

In vielen Fällen werden Arbeitsanalysen nur in sehr begrenztem Ausmaß die Vorstellungen des Benutzers erfassen. Dennoch sollen Arbeitsanalysen hier kurz erwähnt werden, weil sie mit relativ geringem Aufwand einen Überblick über einen Tätigkeitsbereich liefern. Insofern können sie ein grobes Bild des Benutzermodells erbringen, das anschließend durch Interviews und Beobachtung verfeinert werden muß. Vor dem Einsatz von Arbeitsanalysen sollte jedoch geprüft werden, ob das jeweilige Analyseverfahren überhaupt zu Tätigkeitsbereich und Fragestellung paßt.

Die Wiederholungshäufigkeit läßt Schlüsse auf den Routinisierungsgrad der Bürotätigkeit zu, und gestattet es somit, die Verwendbarkeit von Piktogrammen einzuschätzen. Die Abfolgeform zeigt Überschneidungen und gemeinsame Elemente bei verschiedenen Tätigkeiten, die eventuell durch entsprechende Piktogramme symbolisiert werden könnten.

Wenn überhaupt, dann werden Standardverfahren häufig nur in modifizierter Form einsetzbar sein. Es ist jedoch denkbar, daß für manche Arbeitsbereiche Standardverfahren, wie z. B. der Fragebeogen zur Arbeitsanalyse (FAA) von FRIELING & HOYOS (1978) nutzbringend sind. Besser geeignet für den Bürobereich scheinen jedoch Teil II des Tätigkeitsanalyseinventars (TAI) von FRIELING et al. (1984) und eine spezielle Version des „Verfahrens zur Ermittlung von Regulationserfordernissen in der Arbeitstätigkeit im Büro (VERA-B) (RÖDIGER et al. 1986). Besonders zugeschnitten auf Bürotätigkeiten ist das VAB-Verfahren von DEBUSMANN (1984).

8.2.5 Einsatz der verschiedenen Methoden

Alle hier aufgeführten Methoden tragen dazu bei, die Vorstellungen des im Büro Tätigen zu ermitteln. Der Einsatz der jeweiligen Methoden ergibt sich aus unterschiedlichen Kriterien. Die häufigsten sind:

Wie sind die personellen, zeitlichen und finanziellen Resourcen des Entwicklers?

Sind Vorkenntnisse bezüglich der Benutzermodelle vorhanden?

In welchem Maße sollen die Ergebnisse objektivierbar sein?

Wie schwierig ist es, Daten über die im Anwendungsbereich (z. B. Büro) Beschäftigten zu erhalten?

Da es die allseits verwendbare Technik zur Bestimmung von Benutzermodellen nicht gibt, sollen Vor- und Nachteile einzelner Vorgehensweisen vor Beginn der Studie abgeschätzt werden. Bei einer größeren Erhebung sollte der Einsatz der verschiedenen Methoden in einem Arbeitsplan dokumentiert sein.

Im allgemeinen wird die Bestimmung von Benutzermodellen folgendermaßen ablaufen:
Ohne Vorwissen ist es nötig, zuerst grundlegende Daten über die Strukturierung der Information zu gewinnen. Deshalb empfiehlt es sich, am Anfang unterschiedliche Beschreibungen der Tätigkeit zu analysieren. Bei eigener Erfahrung mit Büroarbeit können auch introspektive Daten verwendet werden.

Fragebogen und Arbeitsanalysen können als grobes Raster zur anfänglichen Datenselektion dienen, oder später bei der Überprüfung interessanter Punkte herangezogen werden. Auf Gespräche sollte jedoch nicht verzichtet werden, da sie eine tiefergehende individuumbezogene Informationsgewinnung ermöglichen.

Erste Anhaltspunkte werden im freien Interview mit offenen Fragen gesammelt. Danach kann bei ausreichenden Kenntnissen zu gezielteren Fragen übergegangen werden. Die Phase der offenen Fragen sollte nicht übersprungen werden. Auch wenn der Interviewer glaubt, genaue Kenntnisse über das Arbeitsgebiet des im Büro Tätigen zu besitzen, sollte er nicht sofort mit geschlossenen gezielten Fragen beginnen. Offene Fragen schaffen ein angenehmes Gesprächsklima und bieten die Chance, individuelle Vorstellungen zu erläutern, wobei eventuell besonders elegante Arbeitsstrategien zum Vorschein kommen.

Gleichzeitig, anschließend oder vorausgehend zu dem „Beschreibenlassen" kann die Beobachtung vorgenommen werden und durch Arbeitsanalysen ergänzt werden. Die durch Beobachtung gewonnenen Daten stellen ein quasi objektives Bild der Büroarbeit dar. Völlig objektiv werden diese Daten wohl nicht sein, da auch hier Beurteilungsfehler miteinfließen.
Trotzdem stellen diese Resultate eine wichtige Ergänzung der durch Beschreibung und Interviews gewonnenen Ergebnisse dar. In manchen Fällen werden sich durch Beobachtung Handlungseinheiten ergeben, die in der verbalen Beschreibung nicht erwähnt wurden. Solche Handlungsaspekte verdienen besondere Beachtung.

9. Produktion von Piktogrammen

9.1 Verbale Beschreibung als Grundlage

Die Analyse mentaler Modelle erleichtert nicht nur die Produktion von Piktogrammen, sondern schafft allgemein einen Zugang zu den kognitiven Strukturen des Benutzers. Diese Erkenntnisse unterstützen eine konsistente, benutzergerechte Gestaltung der Schnittstelle.

Im Bezugsrahmen der mentalen Modelle sollen Piktogramme nach Möglichkeit semantische Untereinheiten darstellen. Jedoch lassen sich Piktogramme auch dann gewinnen, wenn das mentale Modell nicht explizit berücksichtigt ist.

Dabei ist es allerdings nötig, daß der durch das Piktogramm darzustellende Inhalt sich ausreichend gut verbal beschreiben läßt. Der verbale Inhalt wird dann mit Hilfe eines Piktogramms visualisiert. Abb. 45 beschreibt das Vorgehen beim Erstellen von Piktogrammen.

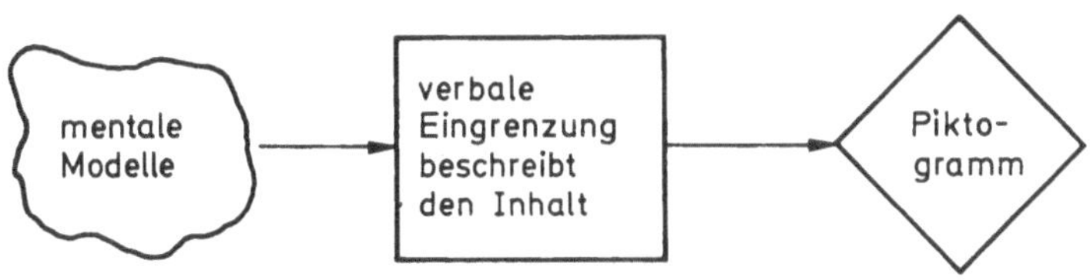

Abb. 45: Stufen im Produktionsprozeß von Piktogrammen

Die Vorstellungen des Benutzers sind vor allem dann wichtig, wenn keine übereinstimmende, verbindliche Definition der Tätigkeit vorliegt. Das ist bei vielen Arbeitstätigkeiten der Fall.

Falls sich jedoch die Arbeitstätigkeit genau bestimmen läßt, kann der erste Schritt, – die Ermittlung des mentalen Modells – übersprungen werden. Derartige Verfahren werden im folgenden beschrieben.

9.2 Produktionsmethode

Die Produktionsmethode (KRAMPEN 1969) ist ein relativ unkompliziertes Verfahren. Personen aus dem jeweiligen Arbeitsbereich (z.B. Büro) werden gebeten, Zeichnungen von Gegenständen oder Sachverhalten anzufertigen. Dies soll anhand von im Gedächtnis gespeicherten semantischen Inhalten geschehen.

Die Mitarbeiter werden über den Zweck der Arbeit aufgeklärt, und bekommen als Beispiel einige Piktogramme gezeigt. Sie erhalten ein Heft, auf dessen Seiten sich nur die verbale Beschreibung des zukünftigen Piktogramms befindet. Dazu soll dann das dazugehörige Piktogramm gezeichnet werden.

Es ist darauf zu achten, daß nicht zuviel Platz für die Zeichnung bereitsteht, um möglichst kleine, detailarme Zeichungen zu induzieren. Darüberhinaus sollen die Benutzer noch die Anweisung erhalten, die Zeichnungen zwar inhaltlich eindeutig, aber trotzdem so knapp wie möglich zu gestalten. Die Instruktion soll hervorheben, daß gute Piktogramme folgende Eigenschaften haben: Sie sind bedeutungsvoll, einfach und sie unterscheiden sich von den anderen verwendeten Symbolen (GREEN 1981).

Die Produktionsmethode schafft einen ersten Überbick über die Visualisierungsmöglichkeiten von Arbeitsvorgängen. Die Zeichnungen werden gezählt und in eine Rangordnung gebracht. Begriffe zu denen selten Illustrationen gefunden werden, besitzen semantische Inhalte, die sich nur schwer mittels Piktogrammen darstellen lassen.

Durch eine Analyse der Zeichnungen lassen sich die für jeden Begriff am häufigsten verwendeten Zeichnungselemente ermitteln. Sie können wertvolle Hinweise für die Gestaltung des endgültigen Piktogramms geben. Zumindest läßt sich zuweilen ein Trend bei der Gestaltung erkennen, der vorläufige Empfehlungen zu dem Piktogrammentwurf gestattet.

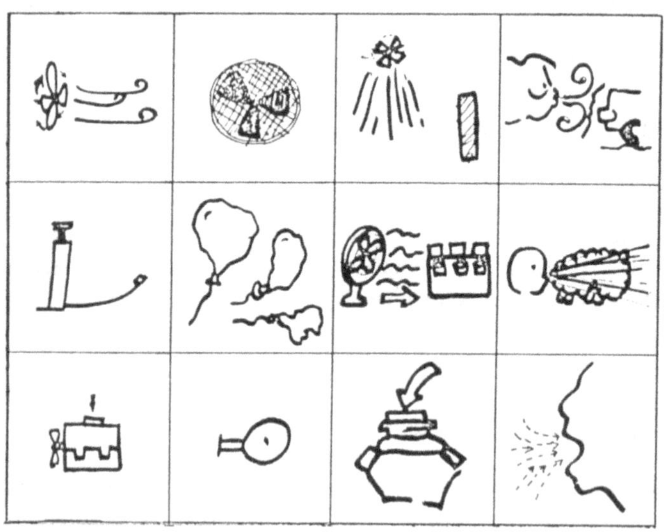

Abb. 46: Nach der Produktionsmethode produzierte Symbole für Klimaanlagen in Automobilen (nach GREEN 1981)

Vor allzu großer Euphorie sei jedoch gewarnt. Nur wenige Illustrationen werden wohl einen sinnvollen Anknüpfungspunkt für zukünftige Piktogramme ergeben. Jedoch führt die Produktionsmethode zu einem breiten Spektrum von Sichtweisen. Abb. 46 belegt dies mit einem Satz von Symbolen, die das „Air-System“ (Klimaanlage eines Automobils) darstellen sollen.

9.3 Ermittlung des semantischen Umfelds

Abb. 46 zeigt, welch unterschiedliche Vorstellungen verschiedene Personen mit einer Klimaanlage in Automobilen verbinden. Die Zeichnungen beinhalten gegenständliche und abstrakte Darstellungen, Analogien und Erzählungen.

Diese semantische Vielfalt eröffnet dem Designer eine Vielzahl von Gestaltungsmöglichkeiten. Nicht alle semantischen Aspekte werden sich gleichermaßen gut durch Piktogramme abbilden lassen. Aus diesem Grund werden Verfahren beschrieben, welche den semantischen Inhalt von Begriffen eruieren.

Die Definition des Begriffs führt zu semantisch benachbarten Inhalten. Aus dem umschriebenen semantischen Umfeld können Begriffe verwendet werden, die sich möglicherweise besser zur Visualisierung eignen als der Ausgangsbegriff.
Soll durch Piktogramme ein Prozeß dargestellt werden, so sollte versucht werden, diesen in Worten kurz zu beschreiben.

Eine genaue Bestimmung des semantischen Inhalts erfolgt über die Bildung von Klassifikationen. Zum ersten soll der Begriff hierarchisch eingeordnet werden. Personen der Benutzergruppe werden aufgefordert, abstrakte Oberbegriffe zu finden.

Zweitens sollten konstituierende Teile und Unterbegriffe des Begriffs gesucht werden. Wichtig sind vor allem markante semantische Merkmale.
Die semantische Ähnlichkeit von Begriffen kann an der Anzahl ihrer gemeinsamen Merkmale abgeschätzt werden. Proximität ist durch Koklassifikationen mehrerer Begriffe definiert. Sowohl das Ausmaß der gemeinsamen Beziehung zueinander, als auch die gemessene Ähnlichkeit zwischen Begriffen, bestimmen ihre Proximität (FURNAS et al. 1981).

Dabei ist auf eine eindeutige Ausdrucksweise zu achten. Das soll im Gegensatz zur Alltagssprache geschehen, die nur sehr wenig präzise verwendet wird. In der Alltagssprache wird oft das gleiche Wort für subjektiv unterschiedlich erlebte Inhalte gebraucht. Diese Ungewißheit sollte nach Möglichkeit vermieden werden. Außerdem ist zu berücksichtigen, daß verschiedene Worte den gleichen semantischen Inhalt bezeichnen können.

Eine weitere Möglichkeit das semantische Umfeld eines Begriffes zu beleuchten, ist Brainstorming. Mehrere Personen aus dem Anwendugsbereich werden aufgefordert, ihre Gedanken zu dem zu visualisierenden Begriff zu äußern. Zwänge irgendwelcher Art sollen dabei vermieden werden, weil sie das Ergebnis dieses freien Assoziierens stark beeinträchtigen.

Die auf diese Weise entstandenen verbalen Beschreibungen werden nach ihrer inhaltlichen Prägnanz geordnet. Bei diesem Rating wird ein Vergleich mit den zuvor festgelegten Aufgabenanforderungen des Anwendungsbereichs (z.B. Büro) vorgenommen. Dabei erweist sich eine genaue vorherige Definition der relevanten Arbeitstätigkeiten als besonders wichtig.

Die jeweils besten verbalen Beschreibungen werden daraufhin im Produktionsprozeß weiterverwendet, indem sie als einfache Piktogramme visualisiert werden.

9.4 Produzieren und Evaluieren auf dem Bildschirm

Das folgende Verfahren, welches der Produktionsmethode ähnelt, bezieht sich vor allem auf die Verwendung von Piktogrammen an Bildschirmen.

Zwei Personen sitzen in getrennten Räumen jeweils vor einem Bildschirmgerät. Sie sind nur über die beiden Datensichtgeräte miteinander verbunden. Es besteht für sie die Möglichkeit, auf dem Bildschirm Piktogramme und Symbole zu zeichnen.

Die Aufgabe der beiden Personen besteht nun darin, dem Partner in dem anderen Raum, mit Hilfe des Datensichtgeräts eine Botschaft zu übermitteln. Beide wissen, daß der Partner Piktogramme sendet, die Arbeitstätigkeiten durch Bildzeichen darstellen. Einer visualisiert eine bestimmte Tätigkeit durch ein Piktogramm. Der nicht-unterrichtete Partner muß dann aufgrund des Piktogramms die Tätigkeit erraten.

Je prägnanter das Piktogrammm den semantischen Inhalt repräsentiert, desto präziser und schneller kann der Partner die dazugehörige Tätigkeit identifizieren.

Die vorliegende Methode verbindet die Produktion und die Evaluation von Piktogrammen. Eine Person produziert die Visualisierung der Arbeitstätigkeit (Büro) als Piktogramm. Die Qualität des Piktogramms kann durch die Erkennungsleistung gemessen werden. Diese Methode erfordert eine relativ umfangreiche Versuchsanordnung. Ansonsten stellt sie jedoch ein effizientes, elegantes Produktions- und Evaluationsverfahren dar.

9.5 Gestaltungsspielraum des Benutzers

Bisher wurde ein optimales Piktogramm immer für die Gesamtheit der Benutzerpopulation gesucht. Jedoch sollte auch die interindividuelle Unterschiedlichkeit des Wahrnehmungsprozesses berücksichtigt werden. Sicher existieren Piktogrammvarianten, die den semantischen Inhalt für den Benutzer subjektiv viel besser darstellen, als das für die Gesamtheit der Benutzergruppe entworfene Piktogramm.

Aus diesem Grund werden kurz individuelle Gestaltungsmöglichkeiten bei Piktogrammen erörtert. Dazu müssen die notwendigen Voraussetzungen bei Soft- und Hardware gegeben sein. Das Programm sollte dem Benutzer die Möglichkeit bieten, individuelle Symbole zu kreieren.

Hat der Benutzer die Möglichkeit Arbeitstätigkeiten durch eigene Piktogramme selbst darzustellen, so ist die subjektiv erlebte Verständlichkeit des Zeichens maximal. Das selbsterstellte Piktogramm führt zu der besten Wiedererkennungsleistung, da es auf den kognitiven Verarbeitungsprozessen des Benutzers aufbaut (vgl. Abschnitt 5.6 „Konstituierende und propositionale Merkmale von Piktogrammen).

Durch die aktive Mitwirkung des Benutzers bei der Gestaltung der Schnittstelle, erhält der Benutzer vermehrte Kontrollmöglichkeit, was sich positiv auf die Gesamtmotivation auswirkt. Dispositionsspielräume verstärken die subjektiv erlebte Autonomie.

Dieses Vorgehen hat jedoch auch einige Schwachstellen: Die eigene Gestaltung von Piktogrammen wird häufig an mangelnden Ideen und mangelnden zeichnerischen Fähigkeiten des Benutzers scheitern. Deshalb sollen Gestaltungshinweise und Vorlagen gegeben werden.

Jedoch auch bei vorgegebenen Piktogrammen sollte, wenn möglich die Auswahl einiger Gestaltungselemente (z. B. Farbe, Strichdicke) dem Benutzer überlassen werden.

Bei häufig wechselnden Benutzern an einem Gerät stößt die selbständige Gestaltung von Piktogrammen auf Hindernisse. Sie erfordert Zeitaufwand, darüberhinaus wird für jeden Piktogrammset eines Benutzers Speicheraufwand benötigt. Besonders vorteilhaft wirkt sich persönlicher Gestaltungsspielraum sicher dann aus, wenn nur eine geringe Anzahl von Benutzern für längere Zeit an demselben Gerät arbeitet.

9.6 Berücksichtigung bereits bekannter Piktogramme

KOLB (1967) betont, daß es unbedingt nötig ist, bei der Produktion neuer Bildzeichen bereits vorhandene Entwürfe zu berücksichtigen. Oft wird von der falschen Vorstellung ausgegangen, daß neu entworfene Piktogramme in jedem Fall den bereits existierenden überlegen seien.

Bereits bestehende Zeichen sind in der Benutzergruppe schon etabliert und haben deshalb einen Vorsprung bezüglich der Erkennbarkeit. Es kann sein, daß ein wenig bekanntes abstraktes Zeichen, welches schon längere Zeit in Gebrauch ist, von einer Benutzergruppe eher mit dem relevanten semantischen Inhalt assoziiert wird, als ein neu entworfenes konkretes Piktogramm. Nicht nur die Qualität der Gestaltung, sondern auch die Vorerfahrung der Benutzergruppe ist beim Entwurf eines Piktogramms zu beachten.

Ein neues Piktogramm sollte nicht kreiert werden, wenn bereits ein Symbol zu dem relevanten semantischen Inhalt existiert, das als Standard übernommen wurde. Je länger ein Bildzeichen an Computern verwendet wurde, desto stärker ist die Benutzergruppe daran gewöhnt. Der Bereich „Piktogramme an Bürocomputern" ist wohl noch zu jung, um von einer Standardisierung reden zu können. Zu ein und derselben Funktion werden an verschiedenen Geräten teilweise unterschiedliche Piktogramme verwendet (Abb. 47).

Abb. 47: Verschiedene Piktogramme zu der Funktion „Vergrößern"

Es beginnen sich aber bereits Stabilisierungstendenzen bei einigen Entwürfen zu zeigen (z. B. das Piktogramm „Dokument" wird meistens als „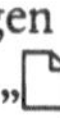" dargestellt). Eine derartige Vereinheitlichung ist als erster Trend einer Standardisieung zu werten.

Bei der Evaluierung von Piktogrammen für Computer sind nicht nur neue Entwürfe zu prüfen, sondern unbedingt bereits bestehende Piktogramme in den Evaluierungsprozeß miteinzubeziehen.

Um als Kommunikationsmittel zu dienen, muß ein Zeichen von einem größeren Benutzerkreis vereinbart sein (CAKIR 1982). Wird die Konvention, ein festgelegtes Zeichen für eine bestimmte Funktion zu verwenden, gebrochen, so verliert das Zeichen seine Bedeutung. Aus dieser Sicht gesehen ist eine häufige Veränderung (evtl. Verbesserung) von Piktogrammen eher zurückhaltend zu beurteilen.

10. Gestaltpsychologische Kriterien zur Gestaltung von Piktogrammen

10.1 Gestaltpsychologie

In dem folgenden Kapitel werden Techniken zur Verbesserung der graphischen Prägnanz vorgeschlagen. Aufgrund dieser Hinweise ist eine Vorselektion der verfügbaren Piktogramme möglich. Die Kriterien leiten sich aus den Grundlagen der Gestaltpsychologie ab (z.B. KOFFKA 1935; WERTHEIMER 1923; METZGER 1953).

Nach gestaltpsychologischen Theorien existiert eine möglicherweise angeborene Tendenz, Wahrgenommenes nach bestimmten Gesetzen zu Konfigurationen zusammenzufassen. Die Zusammenfassung erfolgt nicht streng nach der visuellen Vorlage, sondern nach dem „Prinzip der Prägnanz".

Es besagt, daß Konfigurationen (z.B. Piktogramme) die Tendenz haben, klar, deutlich und stabil wahrgenommen zu werden. Prägnanz läßt sich dadurch erreichen, daß wo immer möglich vereinfacht wird. Vereinfachung kann auf verschiedene Weisen erreicht werden: Durch Steigerung der Symmetrie, der Regelmäßigkeit, Geschlossenheit, Kontinuität, etc.

Verstehen heißt, die Vielfalt elementarer Informationen zu reduzieren, indem man ähnliche Elemente, übergreifende Gesamtheiten, und deren Beziehungen entdeckt (BERTIN 1982). Selbst wenn der Reiz nur aus einzelnen, unzusammenhängenden Teilen besteht, faßt der kognitive Verarbeitungsmechanismus diese Teile nach den Gesetzen der Nähe und der Gleichartigkeit zusammen (nahe zusammenliegende bzw. gleiche, ähnliche Reize werden als zusammengehörig erlebt) (WERTHEIMER 1923).

Piktogramme sollen nach dem Gesetz der guten Gestalt organisiert sein. Eine gute Gestalt ist durch ein hohes Maß an innerer Redundanz gekennzeichnet. Je besser die „Gestalt", desto kleiner ist die Informationsmenge, die zu ihrer Identifizierung notwendig ist.

Symmetrie, Prägnanz, Kontinuität und Ähnlichkeit der Teile verringern die Unsicherheit. Andererseits können Unsicherheit und Komplexität durch Vermehrung der unterscheidbaren Teile innerhalb eines Reizmusters gesteigert werden (TERWILLIGER 1963).

Bei mehrdeutigen Figuren wird meist diejenige Möglichkeit wahrgenommen, zu deren Definition die geringste Informationsmenge notwendig ist (HOCHBERG & BROOKS 1960).

10.2 Graphische Komponenten

Piktogramme erscheinen dem Betrachter zwar als ganze figurale Einheiten, jedoch bestehen sie meist aus graphischen Grundkomponenten (BELL & BEVAN 1968). Im folgenden sollen Eigenschaften der Grundeinheiten Kreis, Ellipse, Stern, Rechteck, Dreieck, Raute und Kreuz kurz beschrieben werden. CASPERSON (1950) führte dazu psychophysische Messungen durch, ohne auf die semantischen Eigenschaften dieser Komponenten Rücksicht zu nehmen.

Für Piktogramme, die sich aus den genannten Komponenten zusammensetzen, sind Diskriminationsexperimente aus zwei Gründen bedeutsam: Erstens, zeigen sie die Beschränkungen, die durch geometrische Charakteristika -unabhängig vom semantischen Inhalt- entstehen. Zweitens definieren sie die besten geometrischen Komponenten zur Darstellung visueller Inhalte.

Für die Unterscheidbarkeit der genannten graphischen Elemente ergaben sich folgende Resultate:

- Die Fläche dient als bestes Unterscheidungskriterium bei *Dreiecken* und *Ellipsen.*
  Soll ein Dreieck bzw. (Ellipse) von einer anderen Dreiecksform bzw. Ellipse möglichst rasch differenzierbar sein, so ist der Flächenunterschied zwischen den beiden Dreiecken zu maximieren.
- Um *Sterne* bzw. *Kreuze* möglichst unterscheidbar zu machen, sollte der Unterschied der beiden Umfänge maximiert werden.
- Eine bestimmte Ausdehnungsrichtung ist das beste Unterscheidungskriterium bei *Rechtecken* und *Rauten.*
  Das heißt, um zwei Rechtecke (Rauten) möglichst unterscheidbar darzustellen, ist eine Seite des Rechtecks (Raute) möglichst stark zu verändern.

Werden die genannten Komponenten zur Gestaltung von Piktogrammen verwendet, so läßt sich optimale Diskriminierbarkeit erreichen, wenn die relevanten Parameter maximiert werden.

10.3 Figur-Grund-Beziehung

Bei der Verwendung von Piktogrammen am Bildschirm ist auf eine eindeutige, stabile Figur-Grund-Beziehung zu achten. Das darstellende Piktogramm soll sich deutlich von dem Hintergrund „Bildschirm" abheben. Abb. 48 erläutert dieses Prinzip.

Im Beispiel 48a sind Figur und Grund in Form und Größe identisch. Primär wird in den meisten Fällen jedoch die schwarze Komponente wahrgenommen. Die weiße Komponente tritt durch den umgebenden weißen Hintergrund zurück, obwohl sie davon durch Begrenzungslinien abgetrennt ist.

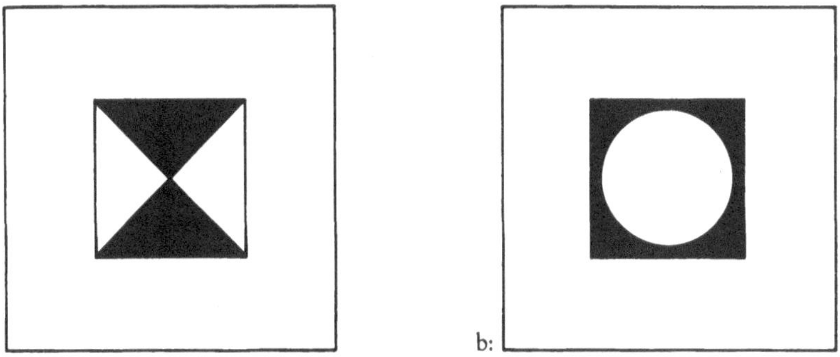

a: b:

Abb. 48: Figur-Grund Beziehung

Abb. 48 b ist die Figur-Grund Beziehung bereits nicht mehr eindeutig. Der Betrachter wird unsicher, ob die schwarze Komponente noch dominiert. Obwohl die weiße Kreisfläche als Figur vorherrscht, ist sie dennoch eindeutig als Hintergrund erkennbar.

10.4 Kontur

10.4.1 Kontrast versus Linienbegrenzung

Figur-Grund-Beziehungen sind besonders wichtig zur Abgrenzung des Piktogramms vom Bildschirmhintergrund. Die Begrenzungslinie vom Piktogramm zum Hintergrund wird als Kontur bezeichnet. Generell gibt es zwei Möglichkeiten ein zweidimensionales Objekt abzugrenzen: Durch Linien oder durch Kontrast.

Ein wichtiges Prinzip der Gestaltpsychologie, das zuerst von GOTTSCHALDT (in KOFFKA 1935) berichtet wird, ist die Überlegenheit von Begrenzung durch Kontrastwirkung gegenüber der Darstellung durch Begrenzungslinien.

Dieser Effekt könnte dadurch begründbar sein, daß die Begrenzung durch Linien generell zweideutig ist. Die Ambiguität ergibt sich daraus, daß es sowohl eine Figur gibt, die durch die Innenseite der Begrenzungslinien definiert ist, als auch eine andere, die durch die Außenseite definiert ist. Hingegen tritt bei der Kontrast- oder Silhouettendarstellung nur eine Außenseite auf.

Abb. 49 zeigt die Überlegenheit der Kontrastbegrenzung. Die Kontrastkontur ist dann besonders wirksam, wenn eine bestimmte Form hervorgehoben werden soll. Die wichtigere, kontrastbegrenzte Komponente sollte dann die weniger wichtige linienbegrenzte Komponente überlagern (Abb. 49 c).

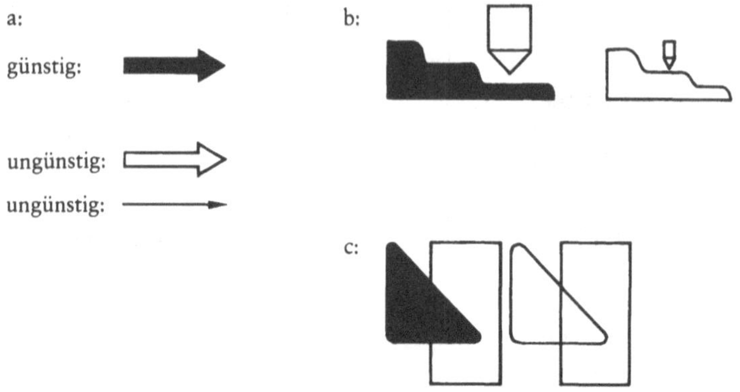

Abb. 49: Kontur als Linie oder als Kontrast (nach EASTERBY 1967; 1970)

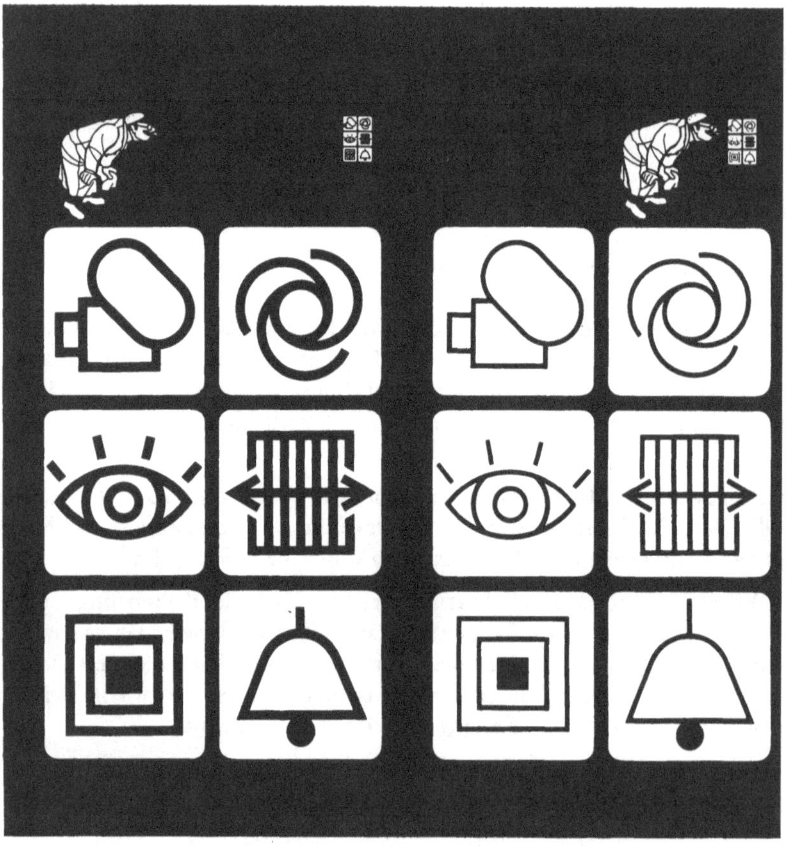

Abb. 50: Ausreichende Linienbreite fördert Lesbarkeit (FUCHS, o. J.)

Enthält ein Piktogramm sowohl statische, als auch dynamische Elemente, so sollen diese durch unterschiedliche Konturen voneinander abgehoben werden. Das ruhende, statische Element kann z.B. durch Kontrastkontur dargestellt werden, während das aktive, bewegliche Element durch Linien begrenzt ist.

Bei Linienbegrenzung ist zu beachten, daß zur eindeutigen Erkennbarkeit von Piktogrammen ausreichende *Strichbreite* erforderlich ist, was durch Abb. 50 illustriert wird.

Um gestalterische Mittel möglichst optimal einzusetzen, sind hardwaremäßige Voraussetzungen zu schaffen, die eine hohe Auflösung und Bilderneuerungsfrequenz erlauben.

10.4.2 Geschlossenheit

Ein weiteres Kriterium zur Gestaltung optimaler Piktogramme ist die Geschlossenheit. Die kognitive Verarbeitung organisiert Wahrnehmungseigenschaften zu einer internen Struktur. Wenn Menschen aufgefordert werden, eine nichtgeschlossene Figur zu reproduzieren, so zeichnen sie meist eine geschlossene Variante (BARTLETT 1932).

Abb. 51: Geschlossenheit einer Figur (nach EASTERBY 1970)

Abb. 51 zeigt, daß die geschlossene Darstellung des Vorgangs die Zusammengehörigkeit der beteiligten Elemente wesentlich besser demonstriert.

Piktogramme, die durch Konturlinien begrenzt sind, sollen immer geschlossen sein. Ausgenommen davon sind Fälle, in denen die Diskontinuität semantisch wichtig ist. Dann muß die Nicht-Geschlossenheit jedoch eindeutig dargestellt werden, um kognitive „Geschlossenheits-Effekte“ zu vermeiden.

10.4.3 Kontinuität

Die glatte, kontinuierliche Kontur beeinflußt die Wahrnehmbarkeit eines Piktogramms erheblich. GOTTSCHALDTs Figuren (KOFFKA 1935) verdeutlichen die Wichtigkeit der Kontinuität. Figuren mit einem hohen Grad an Kontinuität besitzen gute Gestaltqualität.

a: b:

Abb. 52: Kontinuität als Konturmerkmal (EASTERBY 1970)

Abb. 52 erläutert die Wirkung von Kontinuität. 52a zeigt, daß die glatte Begrenzung die beiden Flächen aneinanderbindet. In 52b werden dagegen zwei getrennte Flächen wahrgenommen.

Obwohl für Piktogramme eine möglichst glatte, kontinuierliche Begrenzung am vorteilhaftesten ist, so sollte doch Diskontinuität, wenn der darzustellende Inhalt es erfordert, unzweideutig gezeichnet sein (vgl. „Geschlossenheit").

Wichtige, zusammengehörende Elemente werden am günstigsten vereinigt dargestellt. Idealerweise liegen alle Teile des Symbols innerhalb der Begrenzung. Details, die sich außerhalb der Piktogramme befinden, führen leichter zu Verwechslungen.

Piktogramme sollen so einheitlich wie möglich sein. Das kann dadurch erreicht werden, daß größere Komponenten kleinere Elemente mitumschließen.

Einheitlichkeit wird auch geleistet, indem bei einem Piktogrammset konsistent gleichgroße und gleichgeformte Gestaltungselemente verwendet werden (vgl. 10.5.2. „Gleichheit")

10.4.4 Symmetrie

Die visuelle Gestalt eines Piktogramms hat entscheidenden Einfluß auf seine kognitive Verarbeitung.

Abb. 53 veranschaulicht die Wirkung symmetrischer Darstellungsformen. In 53a erkennt der Betrachter schwarze Säulen; in 53b dagegen weiße Säulen. Dieses Phänomen entsteht dadurch, daß in 53a die schwarzen Balken, in 53b dagegen die weißen Balken symmetrisch sind.

Die symmetrischen Balken fallen deswegen auf, weil die menschliche Wahrnehmung symmetrische Darstellungen bevorzugt. Piktogramme sollen deshalb möglichst symmetrisch sein. Dies gilt nur unter der Voraussetzung, daß die Asymmetrie nicht ein wichtiger Bedeutungsträger ist.

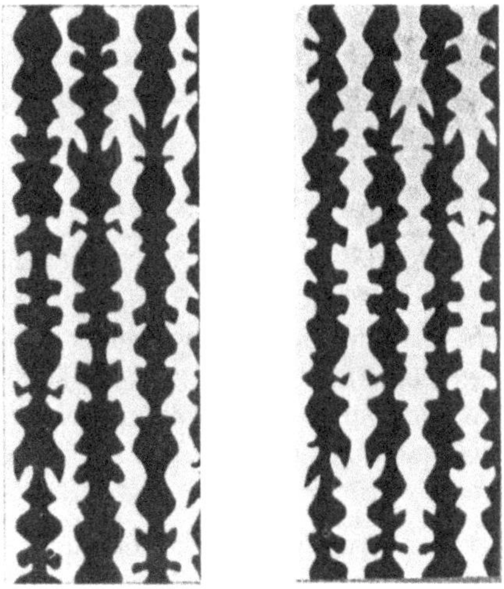

a: b:

Abb. 53: Symmetriewirkung (METZGER 1953, p. 28)

10.4.5 Einfachheit

Mit zunehmender Einfachheit erreichen Piktogramme ein höheres Maß an graphischer Prägnanz.

Während zu viele Details zu einem schwer verständlichen Symbol führen, erleichtert die einfache, prägnante Form das Erkennen. Ein Piktogramm soll so einfach wie möglich sein, da Details eine eindeutige, schnelle Interpretation des Zeichens erschweren.

L. A. SEGAL (zitiert nach FUCHS o. J.):" When we compare two graphic symbols of equal simplicity, we regard the one with the greater information content as the more elegant symbol. Conversely, of two graphical symbols conveying the same information, the simpler is the more elegant."

10.5 Anordnung mehrerer Piktogramme

10.5.1 Orientierung

Ein gestaltpsychologisches Kriterium zur Anordnung von Piktogrammen auf dem Bildschirm, ist die Orientierung. Die menschliche Wahrnehmung ist in der zweidimensionalen Ebene auf die Achsen senkrecht waagrecht vorprogrammiert.

Die vorherrschende Linienführung der Piktogramme soll im Normalfall den Hauptachsen horizontal und vertikal folgen. Nur wenn es die Bedeutungshaltigkeit des Piktogramms verlangt, sollte von dieser Ausrichtung abgegangen werden.

10.5.2 Gleichheit und Nähe

Sind auf dem Bildschirm mehrere, sich ähnelnde Piktogramme vorhanden, so besteht beim Benutzer die Tendenz zur Gruppierung, wobei die ähnlichen Piktogramme zusammengefaßt erscheinen. Die als gleich wahrgenommenen Piktogramme können zur Kennzeichnung inhaltlich ähnlicher Funktionen verwendet werden.

Um einen Gleichheitseffekt zu verhindern, sind die Piktogramme entweder durch ihre Lage auf dem Bildschirm, oder durch ihre Gestaltung voneinander zu trennen. Eine Wahrnehmungsverzerrung zur Gleichheit hin, darf keine folgenschweren Bedienungsfehler des Benutzers zur Folge haben.

Der Faktor Nähe wirkt ähnlich wie Gleichheit. Piktogramme, die auf dem Bildschirm nahe nebeneinander lokalisiert sind, werden vom Benutzer unwillkürlich als zusammengehörig interpretiert.

Dieser Effekt kann beim Entwurf des Piktogrammsystems bewußt ausgenützt werden. Andererseits ist zu beachten, daß räumliche Nähe zu Irrtümern und Verwechslungen führen kann.

10.5.3 Übereinstimmendes Verhalten

Es gilt, daß Objekte mit gleichem Verhalten als gemeinsam und zusammengehörig wahrgenommen werden (WERTHEIMER 1923).

Übereinstimmendes Verhalten von Piktogrammen bezieht sich z.B. auf eine bestimmte Bewegungsform oder bestimmte Leuchteigenschaften. Durch übereinstimmendes Verhalten dieser Art kann funktionale Ähnlichkeit mittels Piktogrammen auf dem Bildschirm visualisiert werden.

Übereinstimmung soll nicht nur zusammengehörige Klassen von Piktogrammen auf dem Bildschirm zusammenfassen, sondern dem Benutzer auch die Beziehung des Piktogramms zu dem realen Objekt verdeutlichen.

Aus diesem Grund sollte versucht werden, konkrete Dinge nicht als formale Beschreibungen, sondern möglichst konkret darzustellen. Auch sollte die allgemein übliche Praxis, dynamische Vorgänge statisch zu visualisieren, vermieden werden.

11. Allgemeine Richtlinien zur Gestaltung von Piktogrammen

11.1 Gestaltungsdimensionen

Nach der Erörterung gestaltpsychologischer Kriterien, werden im folgenden Kapitel allgemeine Richtlinien zur Gestaltung von Piktogrammen kurz besprochen.

Ein Piktogramm entsteht aus einer Vielzahl von Gestaltungsdimensionen. Die verschiedenen Gestaltungsdimensionen treten in eine Beziehung zueinander und werden dann als ***interne Struktur*** des Piktogramms bezeichnet. Im Gegensatz zur Bedeutung, der externen Struktur, läßt sich die interne Struktur eines Piktogramms nicht quantifizieren. Diese inhaltliche Unbestimmtheit verbindet graphische Bildzeichen mit Produkten der Kunst, für die subjektive Erlebnisqualitäten in hohem Maße typisch sind (GOMBRICH 1967).

BERTIN bezeichnet die zwei Dimensionen der Ebene (x,y), die Größe und den Helligkeitswert als die Variablen des graphischen Bildes. Die trennenden Variablen sind hingegen Muster, Farbe, Richtung und Form (BERTIN 1982). Bei Piktogrammen am Bildschirm sind im wesentlichen die folgenden Gestaltungsdimensionen maßgebend:
Farbe, Linienbreite, Helligkeit (Leuchtkraft), Anordnung auf dem Bildschirm, Entfernung zum Blickhorizont des Benutzers (unterhalb, oberhalb, zentral, peripher links, peripher rechts), Größe, Bewegung (zeitliche Sequenz), Textur, Tiefe.

Farbe ist ein sehr nützliches Gestaltungsmittel, welches sich vor allem dazu eignet, Klassenunterschiede darzustellen (STEWART 1979). CRIST (1975) bezeichnet Farbe als äußerst genaues Kodierungsmittel. Farbe kodiert um 202% genauer als Form, um 176% genauer als Größe, und um 32% genauer als Leuchtkraft, ist jedoch höchstens halb so exakt wie alphanumerische Kodierungen. Bei der Verwendung von Farbe ist zu beachten, daß 7% der männlichen Bevölkerung farbfehlsichtig ist.

Die Gestaltungsdimension *Größe* ist schwerer erkennbar als Farbe.

Raumtiefe am Bildschirm ist, von den technischen Voraussetzungen her, momentan noch recht schwierig zu verwirklichen.

Es ist nicht empfehlenswert, die verwendeten Gestaltungsdimensionen in zu vielen *Variationsformen* zu benützen. Obwohl es ungefähr 7500000 unterscheidbare Farbtöne gibt (LLOYD 1972), sollen maximal 14 verschiedene Farben am Bildschirmgerät verwendet werden.

Um Verwechslungen zu vermeiden, ist auch die Anzahl der übrigen Gestaltungsdimensionen einzugrenzen. Folgende Tabelle (Abb. 54) zeigt die optimale Anzahl der Variationsmöglichkeiten, bis zu der ein Zeichen mit 95%iger Sicherheit erkannt werden kann.

Gestaltungsdimensionen	*Maximale Anzahl der Variationen bei 95% Erkennbarkeit*
FARBE	11
GRÖSSE	5
LEUCHTKRAFT	4
FORM	15
BLINKEN	4
TIEFE	4

Abb. 54: Verwendbarkeit von Gestaltungsdimensionen (VAN COTT & KINKADE 1972, p. 69; zitiert nach FOLEY & SIBERT 1982, p. 120)

Strukturierung von visuellem Material erleichtert somit dem Benutzer das Auffinden relevanter Informationen auf dem Bildschirm (BENZ & HAUBNER 1983). Detailhaltige Bildzeichen unterstützen den Anfänger beim Entschlüsseln der Bildzeichen und wirken damit quasi als bildhaftes Hilfesystem.

Da die Informationsmenge, welche das kognitive System verarbeiten kann begrenzt ist, sollen beim ständigen Gebrauch jedoch nicht zu viele Einzelheiten auf dem Bildschirm gleichzeitig visualisiert werden. Ein „detailunterdrückender Mechanismus“ könnte auf dem Bildschirm – wenn nötig – eine Begrenzung auf das Wesentliche herbeiführen und somit den mehr erfahrenen Benutzern ein rascheres Erkennen der Bildzeichen ermöglichen.

11.2 Ordnungsstrukturen und Stile

Als BARTLETT (1932) seinen Versuchspersonen eine große Anzahl verschiedener Zeichen präsentierte, wollten diese als erstes eine Klassifikation bilden. Es wurde nach markanten Merkmalen als Gedächtnishilfe gesucht, wobei Zeichen ohne offensichtliche Bedeutung schnell vergessen wurden. Die Untergruppierung erfolgte meist aufgrund formaler und räumlicher Ähnlichkeit bzw. Unterschiede.

Alles visuell Sichtbare wird im Verhältnis zu einem Bezugssystem geordnet und dementsprechend wahrgenommen (ARNHEIM 1966, 1972, 1978). Die Tendenz Ordnungsstrukturen zu bilden, sollte auch bei der Entwicklung eines Piktogrammsets berücksichtigt werden.

Das kann durch die Verwendung *gemeinsamer graphischer Elemente* geschehen. Obwohl die Gefahr der Verwechslung besteht, bieten sich dennoch einige Vorteile (HEMENWAY 1982):
- der Benutzer muß weniger lernen,
- es wird einfacher, die Züge des Objekts und damit die dazugehörigen Kommandos zu erkennen,
- das Erinnern des Piktogramms und seiner Elemente wird erleichtert.

Es wäre möglich, Piktogramme anhand ihrer *Position auf der Bildschirmfläche* zu klassifizieren. Dies könnte durch horizontale, vertikale und diagonale Trennungen von Zeichenfeldern versucht werden (ERKE o. J.) (siehe auch 5.7). Bei einigen Bürosystemen befindet sich beispielsweise das Menü mit den dazugehörigen Bildzeichen immer am oberen Rand des Bildschirms.

Häufig ist ein Piktogramm Teil einer hierarchischen Struktur, welche die funktionale Bedeutung der Bürogegenstände abbildet. Insofern kann ein Piktogramm auch durch einen Code, der die Stellung in der Hierarchie beschreibt, gekennzeichnet werden (SMITH 1977).

Weiterhin können Piktogramme durch unterschiedliche *Stilisierung* klassifiziert werden. Die verwendeten Stile können von real bis abstrakt reichen, jedoch sollten die Piktogramme immer sachlich sein. Für eine eher abstrakte Darstellung sprechen die Experimente von AREND et al. (1986). Sie überprüften die Tauglichkeit von verbalen Kommandos, abstrakten und eher anschaulichen Piktogrammen. Dabei zeigte sich, daß die abstrakten Piktogramme rascher erkannt wurden, als die anschaulichen Bildzeichen und die verbalen Kommandos. Unnötige Ausschmückungen von Piktogrammen sollten demnach vermieden werden. Beim Entwickeln eines übergeordneten Stils für einen Piktogrammset ist zu beachten, daß bei dem Versuch, die Gestaltung übergeordneten Gliederungsprinzipien anzupassen, häufig die Ähnlichkeit des Piktogramms mit dem darzustellenden Objekt eingeschränkt wird. Es muß vorher entschieden werden, ob der Schwerpunkt auf dem Abbild- oder dem Ordnungscharakter bei der Piktogrammgestaltung liegen soll.

Nach ERKE (o. J.) eignen sich besonders folgende Merkmale als Ordnungsstrukturen eines Piktogrammsystems:

Raster, Transformationsstile (realistisch, abstrahierend, abstrakt, Karikatur), Bildschirmausschnitt (Totale, bestimmtes Flächenareal), Pars-pro-toto-Darstellung (Stellvertretung), Dynamik (statisch oder dynamisch), Dimensionalität (ein-, zwei-, dreidimensional), Konturen- versus Flächendarstellung.

Ein gemeinsamer Stil wird z. B. durch karikaturhafte Darstellung geschaffen. RYAN & SCHWARTZ (1956) konnten zeigen, daß Karikaturen eine sehr gute

Wiedererkennungsleistung besitzen. Kartoons, bei denen mittels der Animationstechnik bestimmte Züge des Objekts übertrieben wurden, besaßen eine bessere Erkennbarkeit als Fotos, Schattenzeichnungen und Strichzeichnungen. Diese Ergebnisse belegen, daß Detailarmut kombiniert mit Hervorhebung relevanter Züge die Wiedererkennung optimiert.

Eine weitere Möglichkeit Piktogramme zu ordnen wäre, ihnen unterschiedliche *Funktionen im Kommunikationsprozeß* zu geben. Ähnlich der Sprache, sind bestimmte Zeichen als Adjektive denkbar, die dazu dienen, die „Substantiv-Piktogramme" näher zu spezifizieren. Bewegungsrichtung und Veränderung würde dementsprechend durch Verben in Piktogrammform (evtl. Pfeile) dargestellt.

Problematisch ist dabei die Art der syntaktischen Verknüpfung. Wie soll die Beziehung der Zeichen untereinander gestaltet werden? Fest steht zumindest, daß die syntaktischen Regeln genau definiert sein müssen, um maximale Konsistenz und Eindeutigkeit zu erreichen. Die Bildschirmfläche gestattet es, die syntaktische Beziehung aufgrund der flächenhaften Anordnung der Piktogramme festzulegen.

Weiterhin kann versucht werden, Detailinformationen in „Piktogrammsätzen" zusammenzufassen. Derartige Modifikationen sind jedoch bis jetzt nur Hypothesen, deren Anwendbarkeit in der Praxis erst geprüft werden muß.

11.3 Externe Struktur von Piktogrammen

Mit der externen Struktur eines Symbols ist seine Bedeutung gemeint, die es in einem bestimmten Kontext übermitteln soll.

Die graphische Gliederung von Piktogrammen hat letztendlich den Zweck, die inhaltliche Verständlichkeit zu fördern. Deswegen muß jeder Klassifikationsversuch unter dem pragmatischen Aspekt der Beziehung des Piktogramms zu dem Arbeitsinhalt gesehen werden. EASTERBY (1967) meint, daß Symbole im wesentlichen drei Funktionen erfüllen:

1: Piktogramme haben eine *geographische Bedeutung*, indem sie die Lokalisation von Objekten näher bezeichnen.

2: Die *operationale Bedeutung* steht für die sich über die Zeit erstreckende Veränderung des Gegenstandes.

3: Die *funktionale Bedeutung* ergibt sich aus der Input-Output-Relation des dargestellten Objekts.

Um Verwechslungen zu vermeiden, sollte die Funktion eines Piktogramms deutlich erkennbar sein.

Piktogramme erfüllen nicht nur reine Abbild-Funktionen. Neben dem Zweck einen Gegenstand oder eine Klasse von Gegenständen darzustellen, sollen sie auch bestimmte Eigenschaften und Zustände repräsentieren.

Nach ERKE (o. J.) können Piktogramme durch zusätzliche Zeichen noch spezifischere Bedeutungen bekommen und sind dann fähig, Verlaufsdarstellungen, Zustandsanzeigen, quantitative und logische Informationen zu übermitteln.

11.3.1 Darstellung von Objekten und Aktionen

HEMENWAY (1982) unterscheidet hauptsächlich zwei Arten von Piktogrammes: Solche, die *Operationen* bzw. Aktionen symbolisieren, und solche, die *Objekte* darstellen. Einige Piktogramme repräsentieren sowohl Objekte, als auch Operationen (Abb. 55).

a:

Icon	Operation Implied	Description of the Command
	Translate	Translates lines, curves, and text (From *Draw*)
	Delete	Deletes lines, curves, and text (From *Draw*)
	Paint	Re-paints lines and curves and re-writes text (From *Draw*)
	Cut	Dashes and un-dashes lines and curves (From *Draw*)

b:

Icon	Object Depicted	Description of the Command
	TV camera	Turns on the TV camera and snaps its picture onto the display screen (From *Superpaint*)
	Image area	Removes and inserts image areas (From *Markup*)
	Page with left margin	Changes the left margin (From *Smalltalk Galley Editor*)
	Grid	Changes the grid spacing and aligment (From *Markup*)
	Paragraph	Selects paragraphs (Cursor from *Bravo*)

Abb. 55: Piktogramme, die Operationen (a) und solche, die Objekte (b) darstellen (HEMENWAY 1982, p. 22)

Neben den in Abb. 55 dargestellten Operationen sind weitere denkbar wie z. B. Richtungsänderung, Löschen und Negation. SMITH (1977) führt noch folgende Kommandos für Operationen an: Create, change, delete, copy, refresh, show, name, value, shape, body. Abb. 56 zeigt einige Gestaltungsansätze für die obengenannten Kommandos.

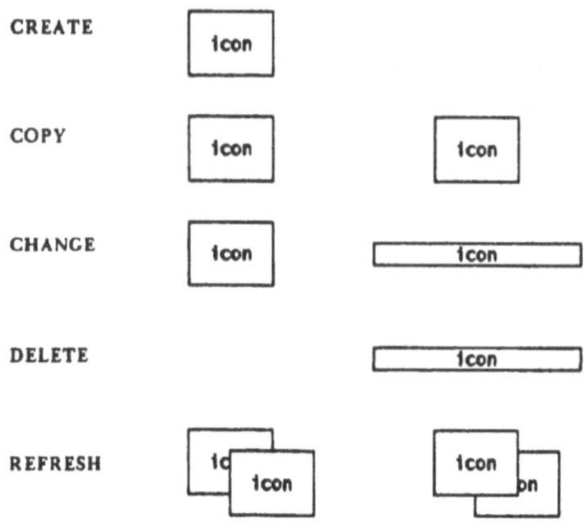

Abb. 56: Möglichkeiten Operationen durch mehrere Piktogramme darzustellen (SMITH 1977, p.95)

Hier werden Operationen als das Wechseln von einem Zustand in einen neuen definiert. Der Vorgang wird durch Piktogramme des Anfangs- und Endzustands beschrieben. Problematisch erscheint dabei die mangelnde Verknüpfung. Woher soll der Benutzer wissen, ob es sich um zwei unabhängige Zustände handelt, oder um die Darstellung einer in sich geschlossenen Operation?

Ein weiterer Nachteil ist der erhöhte Platzbedarf von zwei Piktogrammen gegenüber einem einzelnem Bildzeichen. Es erscheint ökonomisch, den Platz, den Piktogramme auf der Bildschirmoberfläche einnehmen möglichst gering zu halten, damit dem Benutzer ein Maximum an Arbeitsfläche zur Verfügung steht. Operationen durch mehrere Piktogramme darzustellen kommt deshalb wohl nur als Notlösung in Frage.

Objekte werden deshalb durch Piktogramme visualisiert, weil sie oft zentrale Bezugspunkte der Bürotätigkeit sind. SMITH et al. (1982) bezeichnen Piktogramme, welche informationsspeichernde Objekte abbilden als „data icons". Beim Xerox-Star gibt es davon drei Klassen und zwar Piktogramme für Dokumente, Karteien und Ordner (documents, recordfiles, folders) (Abb. 57).

Abb. 57: Piktogramme für verschiedene Informationsträger (SIEMENS 1983)

Interessant ist auch der Gedanke, das Piktogramm eines Dokuments als die repräsentative Verkleinerung des Orginaldokuments darzustellen (BALZERT 1985). Auf diese Weise kann der Benutzer schon am Piktogramm erkennen, um welche Art von Dokument (z. B. Bericht, Forular, Graphik) es sich handelt.

„Function icons" sind hingegen Piktogramme, die mit einer Veränderung des zu verarbeitenden Materials zu tun haben. Dazu zählen: Schubläden für Akten, Postein- und Postausgang, Rechenhilfen, etc.
Hier werden Aktionen mit Hilfe derjenigen Objekte, die bei diesen Aktionen eine zentrale Rolle spielen visualisiert. Dies ist eine gute Möglichkeit Aktionen darzustellen, läßt sich aber leider nicht auf abstrakte Vorgänge ausdehnen.

Es könnte durchaus sein, daß eine semantische bzw. graphische Trennung zwischen informationsspeichernden und informationsmanipulierenden Piktogrammen zu stärkerer Klarheit der Schnittstelle beiträgt.

Aktionen darstellende Piktogramme sind strenggenommen keine Piktogramme, weil ihrer Darstellungsform meist der gegenständliche Bezug fehlt. Häufig werden derartige Bildzeichen mit Pfeilen versehen, um ihre Funktion zu verdeutlichen (z. B. für die Kommandos „Einfügen", „Bewegen", „Ersetzen").

Die Bedeutung der Zeichen für Operationen oder Aktionen kann häufig nicht aus ihrer Form direkt erschlossen werden, sie muß durch Lernprozesse angeeignet werden.

Die Aktionen des Benutzers können auch durch Formveränderungen des Cursors verwirklicht werden. Diese Darstellung hat wenig Ähnlichkeit mit der erlebten Aktion, jedoch können bei ausreichender Unterscheidbarkeit diese Zeichen wohl relativ rasch erlernt werden (Abb. 58).

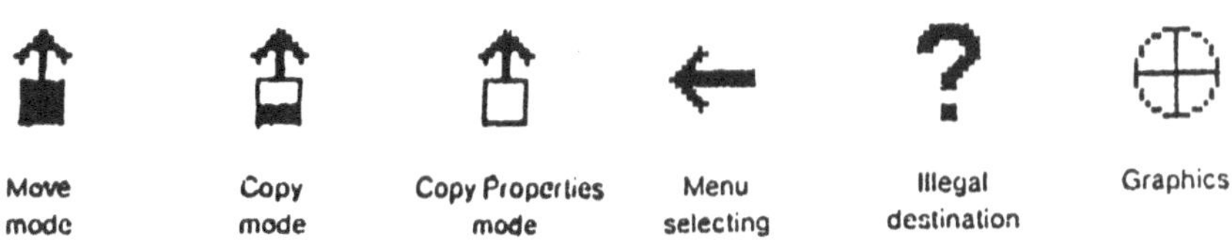

Abb. 58: Formveränderungen des Cursors stellen Aktionen dar (SMITH et al. 1982, p. 278)

Oft ist es jedoch schwierig, Aktionen in Piktogrammform darzustellen. Falls das Piktogramm nicht mißverständlich ist, muß jede Visualisieung von Aktionen als Fortschritt gegenüber einer Nicht-Visualisierung gewertet werden.

Die Frage, ob Bildzeichen oder verbale Kodierungsformen günstiger sind, läßt sich in dieser pauschalen Form wohl nicht beantworten. Weitere Forschungen, bei denen differenzierter vorgegangen wird, sind nötig. Untersuchungen von ROHR & TAUBER (1985) deuten beispielsweise an, daß bei Kommandos, die mit räumlichen Veränderungen verbunden sind, Bildzeichen vor allem bei komplexen Aufgaben zu besseren Leistungen beitragen. Bei einfachen Aufgaben scheinen hingegen verbale Kommandos Piktogrammen überlegen zu sein.

11.4 Grenzen der Informationsdarstellung durch Piktogramme

Bisher wurden hauptsächlich die Vorteile der Informationsdarstellung mit Hilfe von Piktogrammen erwähnt. Die Verwendung von Piktogrammen ist jedoch nur eine Möglichkeit Informationen zu übermitteln. Mit einem Bildschirmgerät können Informationen auch durch Schrift oder Töne übermittelt werden. Piktogramme haben einige Nachteile und Grenzen, welche in diesem Abschnitt erläutert werden.

Bildhafte Darstellungen sind weder so *flexibel*, noch so *vielfältig* wie verbale Informationsträger. Die *differenzierte* Darstellung eines Inhalts ist mit Wörtern leichter möglich als mit Bildern.

Während sich Wörter einfach durch Aneinanderreihen verknüpfen lassen, ist die *syntaktische Verbindung* zweier Piktogramme wesentlich schwieriger zu vollziehen. Piktogramme besitzen keine festgelegten Interpunktionszeichen, wie Punkt, Komma und Satzanfang. Deswegen kann die sequentielle Aneinanderreihung von Piktogrammen mehrdeutig sein.

Das sprachliche Informationssystem besitzt einen entscheidenden Vorteil gegenüber einer Bildersprache: Die Benutzer sind an es gewöhnt, das bedeutet, daß eine Vielzahl von *Regeln* nicht mehr explizit erwähnt werden muß. Ein neu eingeführtes Piktogrammsystem ist dagegen dem Benutzer noch unbekannt, so daß alle Beziehungen genau ausformuliert werden müssen.

Je mehr Wissen über das Zeichensystem der Benutzer bereits im Gedächtnis gespeichert hat, desto redundanter kann das Zeichensystem sein (KOLERS 1969). Auch Piktogramme müssen gelesen werden, und die Erkennbarkeit hängt von dem *Vorwissen* und den Fertigkeiten des Benutzers ab (GOODMAN 1968).

CHOMSKY & MILLER (1963) bezeichnen die unbestimmte *Bedeutungshaltigkeit* als die entscheidende Schwachstelle eines Bildsystems, im Gegensatz zu dem alphabetischen Zeichensystem. Die Kombination eines Herzens mit einem Fenster kann sowohl „Angst“, als auch „Bordell“, als auch alles mögliche Andere bedeuten.

Um derartige Verwechslungen zu vermeiden, schlägt KOLERS (1969) vor, Piktogramme nicht auf der Grundlage von natürlichen Objekten zu gestalten, sondern nur technische Objekte als Gestaltungsvorlage zu verwenden.

Die Bedeutung von Piktogrammen muß erst gelernt werden; deshalb ist es günstig, sie in die Struktur eines schon bestehenden Modelle einzuordnen (siehe auch Kapitel 7).

Nach KOLERS (1969) soll ein Informationssystem im wesentlichen drei Funktionen erfüllen:

1: Objekte und ihre Lokalisation bestimmen,
2: Instruktionen vermitteln,
3: Kommentieren und Bewerten.

Während mit Hilfe der Sprache alle drei Funktionen möglich sind, ist eine Bildersprache auf die ersten beiden Funktionen beschränkt. Funktion drei, das *Bewerten* von Information, ist mit Piktogrammen kaum möglich.

Eine entscheidende Schwachstelle von Piktogrammen sind Unzulänglichkeiten bei der *Darstellung abstrakter Inhalte*, was mit einer Beschränkung auf Konkret-Wahrnehmbares einhergeht.

Beispielsweise existiert noch kein sinnvoller Vorschlag in dem die Funktion „Undo" als Piktogramm dargestellt ist. Eine Bildersprache besitzt nicht die vielen Dimensionen der natürlichen Sprache und wird deshalb nie alphabetische Sprachen ersetzen, genausowenig wie sie eine Lösung internationaler Kommunikationsprobleme darstellt (MEAD & MODLEY 1968).

Es ist verständlich, wenn Schnittstellenentwerfer sich um Konsistenz bemühen und möglichst viele Funktionen mit Piktogrammen darstellen wollen. Trotzdem sollte nicht krampfhaft versucht werden, alles durch Bildzeichen zu visualisieren. Konsistenz und Verständlichkeit sollten gegeneinander abgewogen werden.

12. Methoden der Piktogrammevaluierung

12.1 Evaluierungskriterien

Das folgende Kapitel beschreibt Techniken und Schritte zur Bewertung von Piktogrammen.

Anfangs wird es meist mehrere Piktogrammentwürfe für einen darzustellenden Gegenstand geben. Im Evaluierungsprozess wird vor allem die Erkennbarkeit und die Verständlichkeit von verschiedenen Piktogrammalternativen getestet. Diese beiden Hauptfaktoren werden durch eine Reihe von Kriterien beeinflußt (ERKE o. J.):

- ästhetischer Reiz- oder Spielwert,
- Unverwechselbarkeit,
- Aufmerksamkeitswert,
- spontane Geläufigkeit oder Haftwert,
- Lernbarkeit,
- Verständlichkeit der Zuordnung,
- Präzision der Klassendefinition.

Die besten Piktogramme des Produktionsprozesses sollen zusammen mit bereits in der Praxis zur gleichen Thematik verwendeten Entwürfen getestet werden. Aus den gegebenen Symbolen muß das geeignetste gefunden werden. Dafür liegen verschiedene Methoden vor. Im wesentlichen stützen sich die Evaluierungsmethoden auf folgende Kriterien:

1. Messung der Zeit, die zur Erkennung eines spezifischen Piktogramms benötigt wird,
2. Anzahl der auftretenden Fehler,
3. Art der auftretenden Fehler,
4. Zeit, die zum Erlernen der Piktogramme erforderlich ist,
5. Übereinstimmung zwischen der semantischen Bedeutung des Piktogrammes und seiner Benennung.

12.2 Darbietungsmodus

Im Idealfall werden die Piktogramme so dargeboten, wie sie später in der Praxis verwendet werden. Zur vorliegenden Problemstellung sollten deshalb die Piktogramme an dem Prototyp eines Bürocomputers evaluiert werden. Dies ist jedoch oft aus Kosten- und Zeitgründen nicht möglich. In diesem Fall bedient man sich bei der Evaluierung von Piktogrammen anderer Darbietungsmodi.

Auch wenn die Darbietung der Piktogramme auf Papier oder mittels Diapositiva stattfindet, lassen sich Daten über die Qualität der Piktogramme ermitteln.

12.3 Benennungstests:

12.3.1 Wiedererkennungsmethode

Eine Methode, welche die Verständlichkeit von Bildzeichen testet, wurde von EASTERBY & ZWAGA (1976) als die Wiedererkennungsmethode beschrieben. Dieses, obwohl die Antworten nicht eine vorherige Kenntnis des Stimulus voraussetzen. „Verständnismethode" würde deshalb die adäquatere Bezeichnung sein.

Das Verfahren beginnt mit der Präsentation von Bildzeichen; danach sollen die evaluierenden Personen angeben, was sie für die Bedeutung des Zeichens halten. Diese Beschreibung sollte möglichst in eigenen Worten geschehen. Multiple-Choice Methoden wurden abgelehnt, da sie die Vielfalt der Antwortmöglichkeiten einschränken.

Die Wiedererkennungs- oder Recognition-Methode erlaubt, die Vielfalt der Antwortmöglichkeiten festzustellen. Sie eignet sich besonders gut, um subjektive Anmutungsqualitäten bei der erstmaligen Darbietung der Bildzeichen zu ermitteln.

Ein Verfahren, das der Recognitionmethode sehr ähnelt, ist die *Definition der Bedeutungshaltigkeit* eines Bildzeichens. Die evaluierende Personen werden aufgefordert, kurze Definitionen für jeden Set von Bildzeichen zu geben.

Die verbalen Bedeutungen lassen sich nach bestimmten Inhalten klassifizieren. Anhand dieser Klassifikationen werden die Definitionen analysiert.

Falsche Antworten, die in diesem Zusammenhang gegeben werden, können wertvolle Einblicke in die Art der Verwechslungen und Verständnisschwierigkeiten bei den dargebotenen Symbole geben (EASTERBY & ZWAGA 1976).

Dabei kann man unterscheiden zwischen:
- richtig erkannten Bildsymbolen,
- teilweise richtig erkannten,
- selten richtig erkannten Bildsymbolen.

12.3.2 Auswahlmethode

Bei der Auswahlmethode wird zuerst die verbale Bedeutung der Bildzeichen vorgegeben. Die evaluierenden Personen müssen dabei aus einer größeren Anzahl von Piktogrammen dasjenige heraussuchen, dessen Funktionsbedeutung vorher mündlich genannt wurde.

Danach kann eine Rangordnung der verwendeten Piktogramme nach prozentual richtigen Identifikationen erstellt werden. Die erhobenen Daten lassen sich nach weiteren Variablen (z.B. Alter, Computererfahrung) klassifizieren.

12.3.3 Mehrfachwahl-Verfahren

Beim Mehrfach-Wahl Verfahren (Multiple-Choice Matching) werden die evaluierenden Personen aufgefordert, die beste Bezeichnung des Piktogramms in einer Liste von Benennungen anzukreuzen.

Das Multiple-Choice Verfahren ist ein schnelles, relativ grobes Meßinstrument, das die Ausrichtung der Kommunikationsintensität eines Zeichens feststellen kann. Es eignet sich jedoch nicht dazu, individuelle Unterschiede zu kennzeichnen.

12.3.4 Zuordnungsmethode

Die Zuordnungsmethode prüft, welches Piktogramm des vorhandenen Sets einen bestimmten semantischen Inhalt am besten repräsentiert. Die evaluierenden Personen verfügen über alle Piktogramme eines Sets und über alle Benennungen. Eine Benennung soll dann dem jeweils passendsten Piktogramm zugeordnet werden.

12.4 Zeittests

12.4.1 Auswahl-Antwort Zeitverhalten

Die Methode des Auswahl-Antwort Zeitverhaltens (Choice-Response Tasks) stützt sich auf eine positive Korrelation zwischen Antwortzeit und Fehlerhäufigkeit; eine erhöhte Antwortzeit bei der Erkennung, ist mit einer höheren Fehleinschätzung des Piktogramms gekoppelt (GREEN & PEW 1978).

Das Vorgehen einer Reaktionszeitmessung gestaltet sich folgendermaßen: Eine Benennung eines Piktogrammes wird vorgelesen. Daraufhin wird ein Piktogramm gezeigt, das aus einer Menge von Piktogrammen willkürlich gezogen wurde. Die evaluierende Person entscheidet dann so schnell wie möglich, ob das Piktogramm mit der verbal vorgetragenen Bedeutung übereinstimmt. Sie drückt entweder die „ja" oder die „nein"-Taste, je nachdem ob es sich um das richtige Piktogramm handelt oder nicht.

BEWLEY et al. (1983) verwendeten beim Entwurf des Xerox-Star noch folgende Variante der Choice-Response-Zeitmessung: Auf dem Bildschirm wird ein Zufallsmuster verschiedener Piktogramme dargeboten. Sobald ein Name eines Piktogramms genannt wird, muß die evaluierende Person so schnell wie möglich auf das dazugehörige Piktogramm deuten. Einige Resultate dieser Tests werden in Abb. 59 gezeigt.

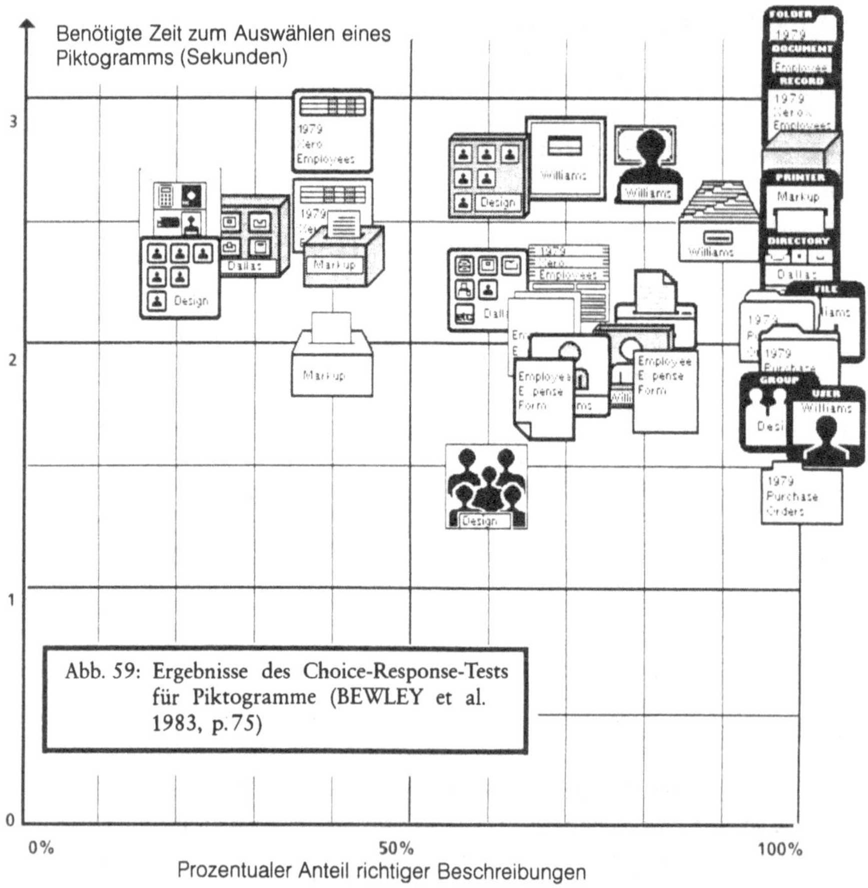

Abb. 59: Ergebnisse des Choice-Response-Tests für Piktogramme (BEWLEY et al. 1983, p. 75)

Es sind also mehrere Antwortmöglichkeiten vorgegeben. Die Zeit bis zum Eintreffen der Antwort wird gemessen, ebenso wie die Richtigkeit der Antwort. Gute Piktogramme zeichnen sich durch häufige richtige Antworten aus und erfordern nur kurze Reaktionszeiten. Demzufolge befinden sie sich in der Graphik (Abb. 59) näher an der rechten unteren Ecke.

Die Möglichkeiten dieses Verfahrens sind ähnlich begrenzt, wie die des Multiple-Choice Tests. Jedoch ergibt sich mit der Messung der Zeit ein zusätzliches Meßinstrument für die Qualität der Piktogramme.

Die Reaktionszeit bei Diskriminatonsaufgaben wird entscheidend von individuellen Unterschieden beeinflußt. Auch mit zunehmendem Lernerfolg nimmt die benötigte Zeit stark ab.

12.4.2 Paarassoziations-Lernaufgaben

Paarassoziations-Aufgaben messen den Lernaufwand bei der Aneignung von Piktogrammen. Eine solche Aufgabe könnte sich in etwa folgendermaßen darstellen:

Der evaluierenden Person wird jedes der vorhandenen Piktogramme gezeigt. Danach sollen die Bildzeichen benannt werden, wobei die richtigen Benennungen als die Plural- oder Singularform des Zeichens definiert sind. Die Präsentationsrate der Piktogramme kann sich auf etwa 10 pro Minute belaufen. Nach jeder erfolgten Antwort – egal ob richtig oder falsch –, wird die korrekte Antwort gesagt. Dieser Vorgang soll solange wiederholt werden, bis die ganze Liste bekannt ist. Abhängige Variable ist die zum Lernen benötigte Zeit.

Zu dieser Methode muß festgestellt werden, daß die Kommunikationskraft eines Symbols nicht notwendigerweise mit der Schwierigkeit bei dessen Aneignung korreliert. Die Lernschwierigkeit steht nicht in direkter Beziehung zu der Schnelligkeit der Diskrimination, die nach dem Lernen stattfindet.

Ein Piktogramm, das erst erlernt werden muß, kann durchaus ein effizienter Zeichenträger sein. Andererseits werden durch die Messung der Lerngeschwindigkeit Erkenntnisse bezüglich der zukünftigen Benutzerfreundlichkeit gewonnen.

12.5 Rating der Bildzeichen

Eine weitere Möglichkeit, die Kommunikationskraft von Piktogrammen im Vergleich mit anderen Bildzeichen festzustellen ist, Rangordnungen aufstellen zu lassen. Die Kommunikationskraft wird definiert als die Fähigkeit eines Piktogramms seine verbale Benennung darzustellen.

Die evaluierenden Personen werden aufgefordert die Bedeutung jedes einzelnen Piktogramms in eine Rangreihe zu bringen (Rating). Die erstellten Rangordnungen geben nützliche Hinweise über die Wirkungsweise der unterschiedlichen Gestaltungskriterien. Zusätzliche Erkenntnisse ergeben sich, wenn die Begründungen für die Rangordnungen analysiert werden.

STEVENS (1962) verwendete das geometrische Mittel der Ratings aller evaluierenden Personen und bezeichnete es als das Performance-Maß.

Falls mehrere Piktogramme gleichzeitig auf einem Bildschirm dargeboten werden, kann das Rating außerdem messen, welches Piktogramm am leichtesten und welches am schwersten in der Menge zu finden ist.

Eine Variante des Ratings ist es, ein Symbol mit einer mittleren Kommunikationsstärke als Ankerpunkt festzulegen, und ihm einen bestimmten numerischen Wert zuzuordnen. Eine quantitative Bestimmung psychischer Faktoren ist einer rein qualitativen Unterscheidung (z. B. gut–schlecht) vorzuziehen, da auf diese Weise eine genauere Differenzieung möglich wird.

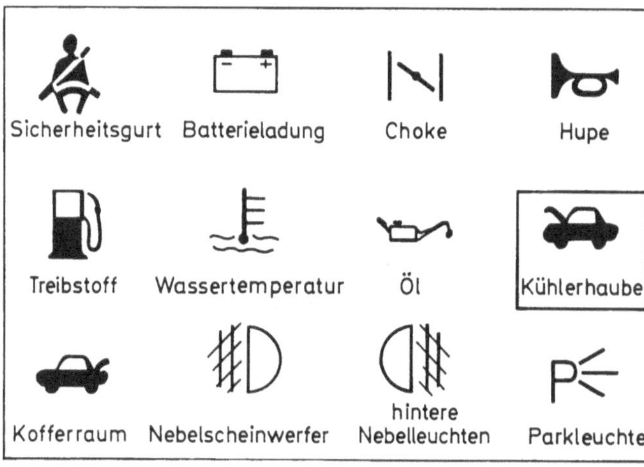

Abb. 60: Symbolset mit Ankerpunkt-Symbol „front hood" (zitiert nach GREEN & PEW 1978.) Evaluating pictograph symbols: An automotive application. Amman Factors 20 (1), p. 106. © (1978) by the Human Factors Society, Inc. and reproduced by permission.

Das markierte Symbol „Kühlerhaube" (Abb. 60) erhielt von GREEN & PEW (1978) den Wert 10. Die evaluierenden Personen wurden aufgefordert, die Bedeutungshaltigkeit der anderen Symbole an der Bedeutungshaltigkeit des mit 10 eingeschätzten Bildzeichens zu messen.

Die den anderen Piktogrammen zugeordnete Zahl soll davon abhängen, ob sie bedeutungsvoller oder weniger bedeutungsvoll als das Ankerpunkt-Zeichen erlebt werden. Bei dem angegebenen Versuch ergab sich, daß die Durchschnittsratings für manche Funktionen signifikant größer waren, weil sie graphisch leichter darstellbar waren.

Die Repräsentationsrate der Piktogramme ist beliebig, jedoch erwiesen sich 10 Bildzeichen pro Minute als günstig.

Die Methode des Präferenzrating hat jedoch auch einige Schwachstellen:
- Es gibt keinen validen Index, der die Zeichenbotschaft beschreibt.
- Nicht kontrollierbare äußere Variablen können entscheidende Effekte bei der Präferenz von Piktogrammen haben.

12.6 Sonstige Evaluierungsmethoden

12.6.1 Lesbarkeitsentfernung

Gesetze der Gestaltpsychologie besagen, daß prägnante, vereinfachte Piktogramme detailgenaueren Abbildungen vor allem bei Wahrnehmung aus weiterer Entfernung überlegen sind (siehe Kapitel 10).

Deshalb ist die Lesbarkeitsentfernung (auch als Geh- und Fahrtest bekannt) eines Zeichens ein guter Indikator für seine Prägnanz. Je größer die Entfernung, von der es noch deutlich erkannt werden kann, desto größer ist seine graphische Prägnanz.

Die Überprüfung der Lesbarkeitsentfernung ist relativ problemlos. Die evaluierende Person bewegt sich auf das Piktogramm zu und gibt an, wann sie genau die Bedeutung des Piktogramms erkannt hat. Daraufhin wird die Entfernung zum Piktogramm gemessen.

Ein solches Vorgehen ist für Piktogramme an Bürocomputern sicherlich nur teilweise relevant, da hier größere Entfernungen vom Bildschirm nur eine geringe Rolle spielen.

Dennoch ist die Lesbarkeitsentfernung ein ausgezeichnetes Mittel zur Messung der graphischen Prägnanz. Auch für Piktogramme gilt, daß detailarme, relativ abstrakte Zeichen schneller wahrgenommen werden, als ausführliche Darstellungen.

12.6.2 Semantisches Differential

Ein wesentliches Kriterium bei der Auswahl des optimalen Piktogramms ist die Übereinstimmung des graphischen mit dem verbalen Inhalt der zu übermittelnden Information. Für die verbale Bedeutung muß ein entsprechendes bildhaftes Substitut gefunden werden. Die meisten Techniken der Bildzeichenevaluierung können die Bedeutungshaltigkeit nicht messen.

Das semantische Differential ist eine Methode, welche die Bedeutungshaltigkeit von Objekten aufgliedert und numerisch bestimmt. Faktorenanalytisch werden alle semantischen Einheiten in die drei Dimensionen Potenz, Valenz, Aktivität aufgegliedert (OSGOOD, SUCI & TANNENBAUM 1957).

Die Ähnlichkeit von Bedeutungen verschiedener Objekte ist durch ihre Nähe im semantischen Raum definiert, die sich durch ähnliche Faktorenladungen ausdrückt.

Das semantische Differential von Piktogrammen läßt sich folgendermaßen erheben (CARON, JAMIESON & DEWAR 1980):
Zusammen mit dem Piktogramm erhalten die evaluierenden Personen eine Liste mit bipolaren Adjektivpaaren. Die Adjektive sind meistens auf einer 7-Punkte

Antworten auf:	Flug-transport	Warte-raum	Trink-wasser	Restaurant	Damen-Toilette	Telefon
	62,5	2,1	0,0	6,3	12,5	16,7
	10,4	43,8	4,2	14,6	16,7	10,4
	0,0	12,5	50,0	14,6	6,3	16,7
	2,1	20,8	31,3	18,8	14,6	12,5
	0,0	16,7	10,4	39,6	20,8	12,5
	8,3	6,3	14,6	4,2	20,8	45,8

Die Zahlen bedeuten Prozentsätze, intendierte Antworten sind unterstrichen.

Abb. 61: Klassifikation von Piktogrammen zu verschiedenen verbalen Beschreibungen (CARON et al. 1980, p. 142)

Skala angeordnet. Es soll angekreuzt werden, in welchem Ausmaß das eine oder das andere Adjektiv das betreffende Piktogramm beschreibt. Diese Ergebnisse führen nach entsprechender Auswertung zu der jeweils typischen Faktorenladung des Piktogramms.

Die intendierte Bedeutung läßt sich mit der tatsächlichen Bedeutung des Piktogramms vergleichen. Dazu wird das semantische Differential sowohl an der verbalen Beschreibung, als auch an der bildhaften Bedeutung des Piktogramms gemessen. Je ähnlicher die beiden Werte miteinander sind (hohe Korrelation), desto größer ist die Übereinstimmung der Bedeutungshaltigkeit.

In Abb. 61 geben die Zahlen den Prozentsatz der Zuordnungen an. Die intendierte Klassifikation ist unterstrichen. Es wird deutlich, wie häufig Piktogramme mit den falschen verbalen Bedeutungen assoziiert werden. Das Piktogramm für Restaurant erweist sich z. B. als ungünstig, da es in weniger als 19% der Fälle richtig eingeschätzt wird und falsche Klassifikationen (Warteraum 28,8%, Trinkwasser 31,3%) häufig sind.

Das semantische Differential eignet sich auch zur Messung des Bedeutungsgehalts von den graphischen Komponenten der Piktogramme. Insofern kann überprüft werden, ob eine reduzierte Version den Bedeutungsgehalt nicht besser beschreibt, als das vollständige Piktogramm.

12.6.3 Assoziationsnormen

Die Ermittlung der Assoziationsnormen beschäftigt sich hauptsächlich mit dem semantischen Umfeld in dem das Bildzeichen wirkt. Eine Ermittlung über die Wirksamkeit von Piktogrammen an Computern könnte sich folgendermaßen gestalten:

Jedem Teilnehmer wird eine Kopie der verwendeten Bildzeichen gegeben. Er wird angewiesen sich vorzustellen, daß er an einem Computer arbeitet, der Vorgänge des Arbeitsgebiets (z. B. Büro) auf dem Bildschirm symbolhaft darstellt.

Danach wird eine Tätigkeit im Büro mündlich beschrieben. Die evaluierenden Personen werden aufgefordert, dasjenige Symbol herauszusuchen, welches sich am besten für das beschriebene Vorgehen eignet. Natürlich kann es dabei vorkommen, daß für verschiedene Vorgänge das gleiche Piktogramm verwendet wird.

Diese Methode gestattet es, die Wirkung der Piktogramme im Prozeß des Arbeitsvorganges zu prüfen. Sie ist als nützliche Ergänzung zu den geschilderten Evaluierungsverfahren zu betrachten.

12.7 Einschätzung der subjektiven Sicherheit

Wenn Piktogramme bestimmten Worten zugeordnet werden sollen, oder die am besten passende verbale Benennung eines Bildzeichens ausgewählt werden soll, besteht keinerlei Gewißheit darüber, mit welcher subjektiven Sicherheit die evaluierenden Personen ihr Urteil fällen.

Im extremsten Fall kann das Urteil durch bloßes Raten entstehen und somit als Aussage über die Kommunikationskraft eines Piktogrammes wertlos werden. Semantisch ähnlich klingende Antworten sagen demnach vordergründig nichts aus, über die subjektiv erlebte semantische Ähnlichkeit beim Betrachter.

Um diese Schwierigkeit zu überwinden, kann eine weitere Antwortenklassifikation vorgenommen werden. Alle Teilnehmer schätzen das Vertrauen in die Richtigkeit ihrer Antwort auf einer Skala von 1 bis 5. „1“ beschreibt dabei die Bedeutung „sicherlich richtig“ und „5“ „sicherlich falsch“.

Interessante Ergebnisse können sich ergeben, wenn die „sicherlich falsch“-Kategorie weiter unterteilt wird: Ob die gegebene Antwort einfach falsch war, das Gegenteil der intendierten Bedeutung des Zeichens darstellte, oder „weiß nicht“ umfaßte.

Die Häufigkeit, mit der jede dieser operational definierten Kategorien benutzt wurde, sagt viel über die Kommunikationsstärke einer Zeichenvariante aus. Eine detaillierte Diskussion dieser Methode wird von EASTERBY & HAKIEL (1981) gegeben.

12.8 Iterativer Evaluierungsprozeß an einem Prototyp

Äußerst valide Ergebnisse liefert die Evaluierung an einem Prototyp des zukünftigen Computers (BALL & HAYES 1982). Für die Akzeptanz einer neuen Schnittstelle wird entscheidend sein, wie gut sich mit ihrer Hilfe Arbeitsaufgaben durchführen lassen.

Bei einer ausschließlichen Evaluierung mit Papier und Bleistift ist die Wirkung des aktiven Handelns zu wenig berücksichtigt. Ohne direkte Benutzererfahrung verwendet die evaluierende Person bei der Beurteilung der Piktogramme andere Kriterien, als bei einer Evaluation am Bildschirm.

Die Funktion von Piktogrammen darf nicht isoliert betrachtet werden, sondern die Brauchbarkeit muß im Gesamtsystem Mensch-Computer überprüft werden. Dies kann durch die Erledigung standardisierter typischer Arbeitsaufgaben gemessen werden. Dabei ist darauf zu achten, daß die evaluierenden Personen möglichst gleiche Vorerfahrung besitzen.

Folgendes Vorgehen erscheint ideal: Die Piktogramme sind an einem Prototyp implementiert. Mit Hilfe der Piktogramme verrichten die evaluierenden Personen an dem Gerät Tätigkeiten ihres Arbeitsbereichs. Die unabhängige Variable ist das Piktogramm im gesamten Systemkonzept.

Abhängige Variablen sind die üblichen kognitiven Parameter: Benötigte Zeit zur Handlungsausführung und Art bzw. Anzahl der dabei auftretenden Fehler (MORAN 1981; NORMAN 1982b). Wenn möglich, soll nicht nur die Gesamthandlung, sondern auch Teileinheiten der Tätigkeit analysiert werden (BANNON et al. 1983).

Letztendlich sollen Piktogramme das Modell des Benutzers auf dem Bildschirm strukturieren. Um dabei zu einem benutzerfreundlichem Endresultat zu kommen, schlagen O'MALLEY et al. (1983) ein iteratives Implementationsverfahren vor.

Dies bedeutet, daß zuerst an einem Prototyp der optimale Systemvorschlag verwirklicht wird. Er wird daraufhin an der relevanten Benutzergruppe getestet und aufgrund deren Verbesserungsvorschlägen verändert. Der Vorgang Implementieren – Evaluieren – Implementieren – Evaluieren etc. wird solange wiederholt, bis ein befriedigendes Ergebnis erreicht ist.

13. Gesamtprozeß der Piktogrammentwicklung

Im folgenden wird ein zuammenhängendes Bild der Erstellung von Piktogrammen gegeben. Nachdem in den vorausgehenden Kapiteln Produktions- und Evaluationstechniken im einzelnen ausgeführt wurden, werden diese Techniken nun in die Gesamtentwicklung von Bildzeichen integriert.

Der Beginn jeder Piktogrammentwicklung ist die Definition
- des Anwendungsgebiets,
- der darzustellenden Objekte,
- der damit auszuführenden Funktion(en).

Nachdem diese Eingrenzung vorgenommen ist, kann an die eigentliche Entwicklung des Piktogrammsets gegangen werden. Abb. 62 erläutert die grobe Struktur des Entwicklungsprozesses.

Nach der Festlegung von Anwendungsgebiet, Objekt und Funktion des Piktogramms, beginnt die Suche nach Piktogrammen, die bereits zu ähnlichen Inhalten verwendet wurden. Wenn keine oder nur unzureichende Piktogramme existieren, müssen neue Entwürfe erstellt werden. Techniken dazu sind in den Kapiteln 8 und 9 beschrieben.

Danach werden die Entwürfe einem ersten Evaluationsprozeß unterzogen. Eine Stichprobe der Benutzergruppe erstellt eine Rangordnung derjenigen Piktogramme, die den relevanten Inhalt am besten veranschaulichen. Nur die besten Entwürfe werden weiterverwendet.

Die verbleibenden Piktogramme werden nun einer genaueren qualitativen Analyse unterzogen. Qualitative Evaluation bedeutet, die Übereinstimmung der intendierten Bedeutung mit dem semantischen Inhalt des Piktogramms zu überprüfen. Zeit- und vor allem Benennungstests sind gute Techniken zur semantischen Analyse.

Bei einer quantitativen Evaluation wird hingegen noch die Anzahl der richtigen Antworten gemessen. Dazu muß die Stichprobe genügend groß sein. DRAKE et al. (1979) schlagen eine Zahl von 200 evaluierenden Personen vor.

Nachdem dieser Evaluationsschritt erfolgreich verlaufen ist, kommt es zum Briefing des Designers. Der Designer fertigt eine kurze inhaltliche Beschreibung des Piktogramms zusammen mit den grundlegenden graphischen Elementen an.

Danach zeichnet er, unter Einbeziehung der Leitlinien bereits bestehender Piktogramme, den endgültigen Piktogrammset. Dieser wird abschließend noch einmal evaluiert, wobei der Verwechslungsgefahr der Piktogramme untereinander besondere Beachtung geschenkt wird.

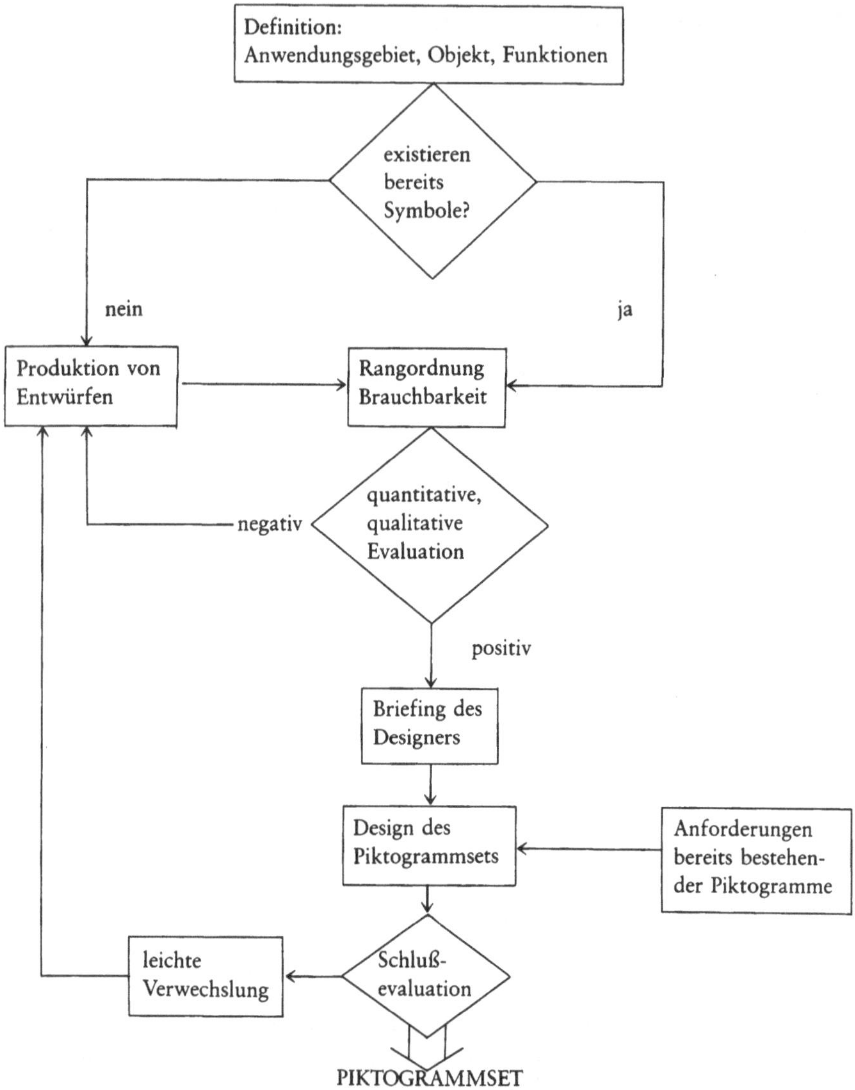

Abb. 62: Grobstruktur der Piktogrammentwicklung (nach DRAKE, SHAW & MAYBLIN 1979)

Im folgenden wird die Verknüpfung von Produktions- und Evaluationsprozessen genauer beleuchtet. Die Prozeßhaftigkeit des Vorgangs ist in Abbildung 63 illustriert.

Wie schon erwähnt, ist zur erfolgreichen Konzeption von Piktogrammen eine möglichst exakte Definition der Aufgabenanforderungen des Anwendungsbereichs (z. B. Büro) erforderlich. Um darüberhinaus einen Einblick in das subjektive Erleben der Arbeitstätigkeit zu bekommen, sind die mentalen Modelle der Benutzer zu untersuchen. Auf diese Weise kann festgestellt werden, wie die relevanten Objekte oder Tätigkeiten kognitiv repräsentiert sind.

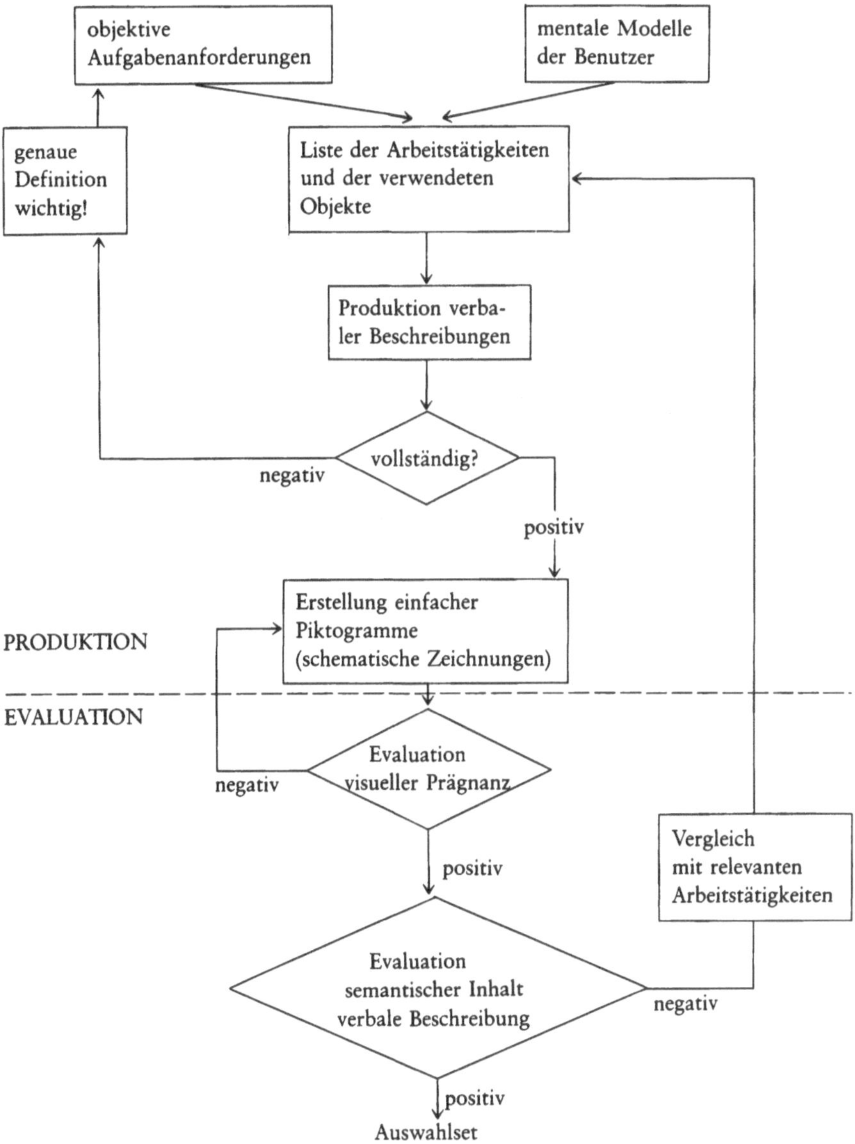

Abb. 63: Prozeß der Produktion und Evaluation von Piktogrammen

Auf der Basis der Aufgabenanforderungen und der Benutzermodelle wird eine Liste der Objekte und Funktionen erstellt. Arbeitstätigkeiten lassen sich z.B. noch weiter aufgliedern, wie in Abb. 64 ausgeführt ist:

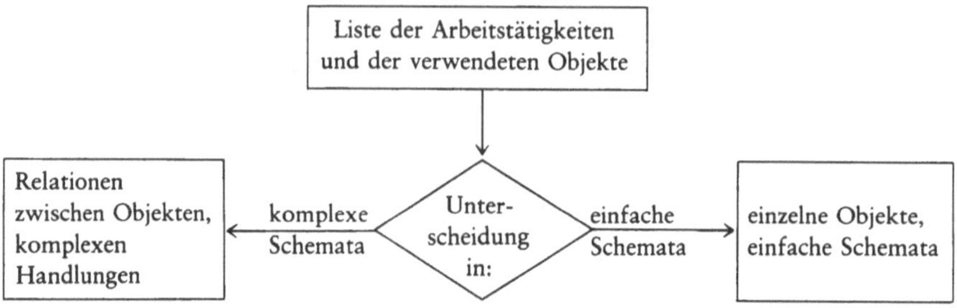

Abb. 64: Unterteilung der Arbeitstätigkeiten

Einfache Schemata kennzeichnen einzelne Objekte und einfache Handlungen des Arbeitsbereichs, während komplexe Schemata Relationen zwischen Objekten oder Symbolen und komplexe Handlungen darstellen.

Zu den Schemata werden prägnante verbale Beschreibungen und einfache Zeichnungen erstellt. Einfache Schemata lassen sich sowohl leichter zeichnen, als auch leichter verbalisieren. Techniken der Verbalisierung und der graphischen Darstellung sind in den Abschnitten 9.3 (semantisches Umfeld) bzw. 9.2 (Produktionsmethode) beschrieben.

Nachdem einfache Zeichnungen der Piktogramme angefertigt wurden, wird zuerst die visuelle Prägnanz der Entwürfe abgeschätzt. In gewisser Weise messen alle vorgestellten Evaluierungsmethoden die visuelle Prägnanz. Besonders geeignet erscheinen jedoch die Tests des Choice-Response Zeitverhaltens (12.4.1), der Lesbarkeitsentfernung (12.6.1) und das Rating (12.5).

Im zweiten Evaluationsschritt wird überprüft, ob das visuelle Schema die im voraus erstellte, verbale Beschreibung adäquat darstellt. Dazu bieten sich vor allem die Benennungstests (12.3), das semantische Differential (12.6.2) und die Ermittlung der Assoziationsnormen (12.6.3) an.

Die dabei gewonnenen Ergebnisse sollen mit der vorher festgelegten Beschreibung der Arbeitstätigkeiten übereinstimmen. Ist dies nicht der Fall, muß der Produktionsprozeß von neuem durchgeführt werden.

14. Praktische Anwendung: Piktogramme für das System M32

14.1 Ausgangssituation

Das im folgenden Kapitel aufgeführte Praxisbeispiel (SCHWATLO & STAUFER 1986) wurde bei der TA Triumph-Adler AG, Abteilung Basisentwicklung durchgeführt. Ziel war es, für das Bürosystem M32 sowohl Benennungen, als auch Piktogramme für dessen Funktionen zu entwickeln.

Die Leistungsmerkmale des Bürosystems standen bereits weitgehend fest, bzw. befanden sich in der letzten Phase der Entwicklung. Es war geplant, als konzeptuelles Modell weitestgehend die Analogie des „elektronischen Schreibtisches" zusammen mit der „Maus" als Bedienungselement zu verwenden.

Aufgrund des bestehenden Zeitdrucks konnten bei der Produktion und Evaluation der Piktogramme nur die nötigsten Verfahren eingesetzt werden. Das im folgenden beschriebene empirische Vorgehen ist somit keineswegs als Musterbeispiel zu werten, sondern stellt eher eine Art Minimalkonfiguration dar, die von dem in Kapitel 13 empfohlenen „Prozeß der Piktogrammentwicklung" abweicht. Bedenklich erscheint insbesondere die geringe Anzahl der evaluierenden Personen, die die Repräsentativität der Ergebnisse in Frage stellt.

Jedoch ist positiv anzumerken, daß trotz des vorhandenen Zeitdrucks ein empirischer Weg der Produktion und Evaluation gewählt wurde, und bei der Gestaltung der Schnittstelle auch die Ansichten der potentiellen Benutzer berücksichtigt wurden.

14.2 Ziele und Ablaufplan des empirischen Vorgehens

Ziel dieser Untersuchung war es, eine möglichst benutzerfreundliche Mensch-Computer-Schnittstelle zu schaffen. Zum einen sollten Piktogramme mit der Analogie des elektronischen Schreibtisches Objekte des Büros darstellen. Weiterhin sollten für die Leistungsmerkmale des Systems passende Benennungen aus dem Bürobereich gefunden werden.

Als erstes mußten geeignete Benennungen des Bürobereichs für die Leistungsmerkmale des Systems gefunden werden (vgl. Abschnitt 14.3). Davon ausgehend sollten verschiedene Piktogrammentwürfe zu den besten Benennungen erarbeitet werden (vgl. Abschnitt 14.4). Anschließend sollten diese Entwürfe schließlich von einer Stichprobe potentieller Benutzer auf Verständlichkeit und logische Konsistenz hin evaluiert werden (vgl. Abschnitt 14.5). Abb. 65 veranschaulicht das Vorgehen in dieser empirischen Studie.

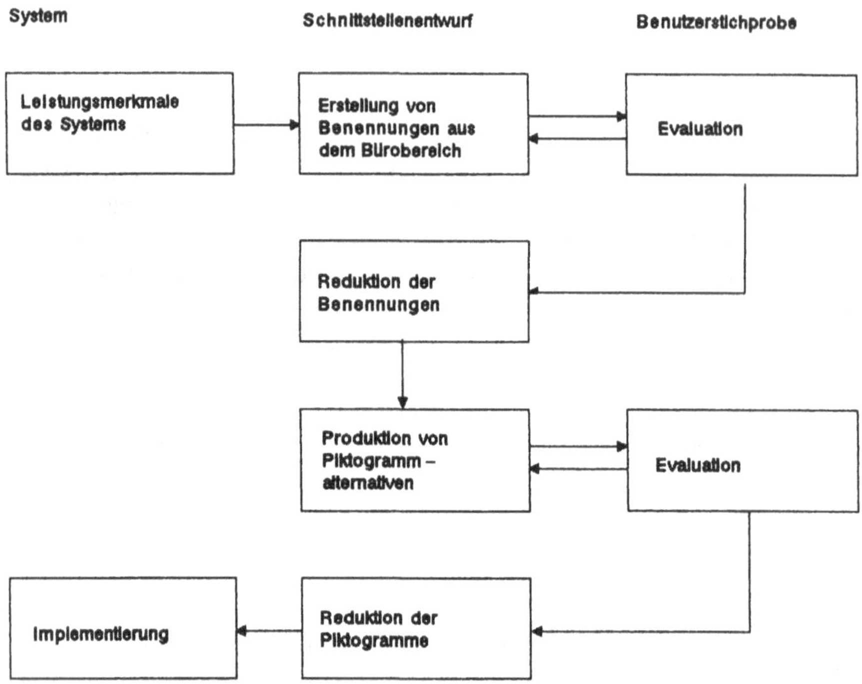

Abb. 65: Ablauf des empirischen Vorgehens

14.3 Benennungen aus dem Bürobereich

14.3.1 Problemstellung

Im Sinne der Metapher des elektronischen Schreibtisches sollen die Leistungsmerkmale neuer Bürosysteme analog den Prozessen und Objekten der realen Büroarbeit benannt bzw. symbolisiert werden. Dies erfordert zunächst die Kenntnis der Arbeitsprozesse und Arbeitsinhalte im Büro. In der vorhandenen Literatur zu diesem Thema werden Büroprozesse vorwiegend unter dem Aspekt von Rationalisierungsmöglichkeiten betrachtet (vgl. z. B. IfaA 1978), wobei sich empirische Untersuchungen zumeist auf quantitative Aufgliederungen von Bürotätigkeiten beschränken (z. B. ENGEL et al. 1979). Detailliertere Studien über Arbeitsabläufe im Büro- und Verwaltungsbereich, die als Hilfestellung für die Untersuchung hätten dienen können, existieren nicht (vgl. Kapitel 3). In der vorliegenden Studie wurden deshalb folgende Begriffe überprüft (die Begriffe sind hier so wiedergegeben, wie sie bei der Systemplanung von den Entwicklern zunächst provisorisch benutzt worden waren):

a) Die *persönliche Ablage* eines Bürosystems steht ausschließlich dem Benutzer zur Verfügung, auf die er nur mit Hilfe seines „Passwords" (Kennworts) zugreifen kann.
b) Das *Zentralarchiv* eines Bürosystems stellt eine Art „Abteilungsablage" dar, auf die jeder Benutzer gleichermaßen Zugriff hat.
c) Der *Ablagekorb* soll ein Büroobjekt repräsentieren, das Schriftstücke ungeordnet aufnimmt.
d) *Verzeichnisse* sind elektronische Aufbewahrungsorte für verschiedene Arten von Daten.
e) Ein *Diskettenordner* ist ein Verzeichnis, das sich auf einer Diskette befindet.
f) In einem *Referenzverzeichnis* werden verschiedene Dokumente vorübergehend zur Bearbeitung gespeichert. Nach der Bearbeitung werden sie in den Ablagekorb gelegt und vom System an ihren Herkunftsort zurückgeordnet.
g) Im *Zwischenpuffer* wird jeweils ein bestimmter Typ von Dokumenten gespeichert, bevor er in einen anderen Dokumententyp übernommen werden kann.
h) Unter *Systemdepot* wird ein Aufbewahrungsort verstanden, in den der Benutzer alle jene Objekte (Piktogramme) abstellen kann, die er am Bildschirm momentan nicht braucht.

14.3.2 Methodische Vorgehensweise

Da das Bürosystem für verschiedenartige Büroarbeitsplätze konzipiert war (multifunktionales Anwendungspotential), wurden die Gesprächspartner für die Interviews aus den verschiedenen Typen von Büroarbeitsplätzen ausgewählt (vgl. die Einteilung von SZYPERSKI et al. 1982). Die Stichprobe teilt sich folgendermaßen auf (Abb. 66):

3 Manager (mit Führungsaufgaben, die i. a. mit der Ablage ihre Mitarbeiter beauftragen)
4 Knowledge worker (qualifizierte Fachleute, die i. a. nur ihre persönliche Ablage führen)
3 Sachbearbeiter (die i. a. ihre persönliche Ablage führen, jedoch anhand von allgemeinen Richtlinien (Ablageplan))
6 Sekretärinnen (die i. a. die Ablage für ihren Chef bzw. für die Arbeitsgruppe, Abteilung o. ä. führen)

Abb. 66: Benutzergruppen in der untersuchten Stichprobe

Im Vordergrund der Interviews stand zunächst die individuelle Organisation der Ablagesysteme der einzelnen Gesprächspartner. Die Befragten sollten die in ihrem Arbeitskontext verwendeten Ablagekriterien (Ordnungssysteme) und die Aufbewahrungsorte erklären. Im Anschluß an die Erläuterung des verwendeten Ablagesystems wurden die Gesprächspartner gezielt nach den gesuchten Benennungen und ihren persönlichen Assoziationen befragt. Im Mittelpunkt standen hier die verschiedenen Büroobjekte für Ablagesysteme wie Ablagekorb, Vorordner, Registratur usw. Der Gesprächsleitfaden für die Interviews befindet sich in Abschnitt 14.7.1.

Darüberhinaus wurden Expertengespräche mit Herstellern von Büroorganisationsmitteln geführt und zahlreiche Unterlagen (Prospekte, Broschüren usw.) ausgewertet, da diesen Begriffsverwendungen eine stark normative Wirkung zukommt.

Ähnlich normierend auf die Begriffsverwendung in der Büroarbeitswelt wirken die allgemeinen Richtlinien zur Ausbildung von Bürofachkräften (KOMBRECHT 1979), die auch berücksichtigt wurden.

14.3.3 Ergebnisse der Befragung

Trotz der Heterogenität des Erfahrungshintergrundes der befragten Stelleninhaber konnten für die verwendeten Ablagesysteme tendenziell einheitliche Benennungen gefunden werden. Im folgenden werden einige der Ergebnisse wiedergegeben, die aufgrund vorwiegend einheitlicher Beantwortungstendenzen zur Extrapolation der Benennungen geführt haben:

a) Abgrenzung von Ablage und Registratur:
   Der Begriff „Ablage" ist im Büro allgemein üblich für die aktuelle Schriftgutverwaltung, auf die Einzelne bzw. Arbeitsteams ständig zugreifen. Der Begriff „Registratur" wird allgemein eher mit „Alt-Ablage" assoziiert, d.h. für die nach gesetzlichen Vorschriften aufzubewahrenden Unterlagen (meist im Archiv oder Keller).

b) Anzahl der Ablagesysteme und Ablagekriterien
   Hier scheinen häufig informelle Systeme aufgrund individueller Erfordernisse angelegt zu werden, z.B. die Doppelablage zur Sicherheit, falls etwas verlorengeht. Diese Tatsache ist bei der Gestaltung der elektronischen Ablage zu berücksichtigen.

Die Hauptregeln, nach denen abgelegt wird, sind in Abb. 67 aufgeführt:

alphabetisch (7)
chronologisch (11)
Sachgebiete (9)
Absender
Nummern
Farben

Abb. 67: Ablagekriterien, die von den Befragten genannt wurden (Häufigkeiten in Klammern)

c) Aufbewahrungsort für Unerledigtes
„Unerledigtes“ wird bei den unterschiedlichen Büroarbeitsplätzen in verschiedenen „Objekten“ aufbewahrt.
Entsprechend der Intention des Leistungsmerkmals am Bürocomputer wurde als Begriff für dieses Objekt die „Vorgangsmappe“ gewählt, da der provisorische Begriff „Referenzverzeichnis“ völlig unbekannt war.

d) Ablagehierarchien
Die Ergebnisse der Befragung sind in Abb. 68 dargestellt.

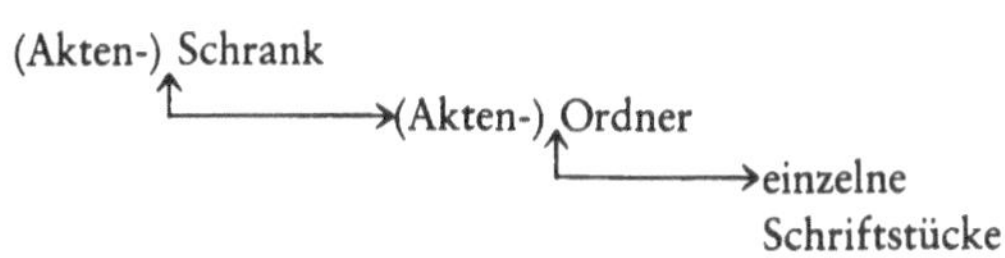

Abb. 68: Hierarchische Abstufung der Ablage

Daneben werden an vielen Arbeitsplätzen für unterschiedliche Anwendungen verwendet:
- Ablagekorb (für unsortierte Vorgänge),
- Schublade (für aktuelle Vorgänge, Merkposten usw.),
- Stehregistratur (für Lose-Blattsammlungen oder Akten),
- Hängeregister (am Arbeitsplatz, wie z. B. Terminplaner).

e) Assoziationen zu vorgegebenen Bürobegriffen
Abb. 69 faßt in komprimierter Form diejenigen Assoziationen der Befragten zusammen, welche am häufigsten mit den genannten Begriffen verbunden wurden.

Vorgegebene Benennung	Assoziation/alternative Benennung der Benutzer
„persönliche Ablage“	persönliche Sachen (9), persönlicher Aktenordner (4), eigene schriftliche Entwürfe (3), Notizblock (2).
„Ablagekorb“	ungeordnetes Schriftgut zur Ablage (7), kurzfristige Ablage (4), erledigtes Schriftgut (7).
„Mappe“	unspezifische Sammelmappe (7), Wiedervorlage (4), Post, Presse-, Unterschriftmappe.
„Vorgangsmappe“	Kriterium „unerledigt“ (4), Korrespondenz „aktuelles“ (6), Termine.
„Diskettenordner“	Ordner für Disketten (12) – album, – kasten.
„Zentralarchiv“	Altablage (6), ohne Zugriffsmöglichkeit (8).
„Systemdepot“	„?“ (14), Abstellraum (3).
„Projekt- bzw. Auftragsakte	Überblick lfd. Projekte (3), etwas in Vorbereitung (5), Projektmappe (3).

Abb. 69: Ergebnisse des Assoziationstests

14.3.4 Ausgewählte Benennungen

Im folgenden soll noch einmal im Überblick die Liste der gewählten Benennungen dargestellt werden, auf deren Grundlage die Piktogramme entwickelt wurden (Abb. 70):

		Vorläufige Benennungen
durch die Befragten der Systementwickler:		ausgewählten Benennungen:
1. Persönliche Ablage	⟶	Arbeitsplatz-Ablage
2. Zentralarchiv	⟶	Zentrale Registratur
3. Ablagekorb	⟶	Ablagekorb
4. Verzeichnisse	⟶	Ordner
5. Diskettenordner	⟶	Diskettenordner
6. Referenzverzeichnis	⟶	Vorgangsmappe
7. Systemdepot	⟶	Depot

Abb. 70: Benennungen aufgrund der Befragungsergebnisse

14.4 Produktion von Piktogrammen

Zunächst wurde untersucht, ob bereits Piktogramme mit ähnlichen Bedeutungsinhalten oder sonstige Standards bestehen (KOLB 1967), die sinnvollerweise hätten berücksichtigt werden müssen. Dies traf nur in wenigen Fällen zu, weil die meisten Objekte an dem vorliegenden Bürosystem zum erstenmal als Piktogramme visualisiert wurden (z. B. „Vorgangsmappe" oder „Depot"). Insgesamt sollten folgende 28 Objekte des elektronischen Büros als Piktogramme am Bildschirm visualisiert werden (Abb. 71).

Dokumentenverwaltung	Zusätzliche Objekte des elektronischen Büros
– Dokument	– Betriebswirtschaftliche Anwendungen (als Oberbegriff für z. B. FIBU; Kundenauftragsverwaltung)
– Diskettenordner	– Systemverwaltung
– Zwischenspeicher	– Sprachausgabe
– Zentrale Registratur	– Kalender
– Ordner	– Bildschirmtext
– Vorgangsmappe	– Sprachaufzeichnung
– Arbeitsplatzablage	– Spracherkennung
– Ablagekorb	– Bildschirmtastatur
– Papierkorb	– Datensicherung
– Postausgang	– Telefon
– Posteingang (leer/voll)	– Projektverfolgung
	– Bildschirmkopie
	– Depot
	– Blattlesegeräte

Abb. 71: Als Piktogramme darzustellende Objekte

Die ersten Entwürfe der Piktogramme wurden mit Hilfe der Produktionsmethode (KRAMPEN 1969) erstellt. Einige Experten zeichneten aufgrund ihrer subjektiven Vorstellungen einfache Skizzen zu den genannten Benennungen. Ähnlich wie bei GREEN (1981) waren die zeichnerischen Ergebnisse dieser Methode oft sehr lückenhaft (Abb. 72).

Abb. 72: Erste Entwürfe, mit Hilfe der Produktionsmethode erstellt

Daraufhin wurde zusammen mit einem Designer weitere Piktogramme produziert. Um eine möglichst günstige Übertragbarkeit auf die technischen Merkmale des zukünftigen Bürosystems zu gewährleisten, wurde nach dem Anfangsstadium die Produktion mit einem Graphikprogramm (Programm „Mac Paint", Apple Macintosh) vorgenommen, weil hier ein ähnliches Auflösungsvermögen des Bildschirms wie bei dem zu entwickelnden Bürosystem existierte.

Insgesamt wurden über 320 verschiedene Piktogramme produziert (vgl. 14.7.2). Beispielhaft sind einige Alternativvorschläge für „Papierkorb" und „Blattleser" in Abb. 73 wiedergegeben.

Blattlesegeräte *Papierkorb*

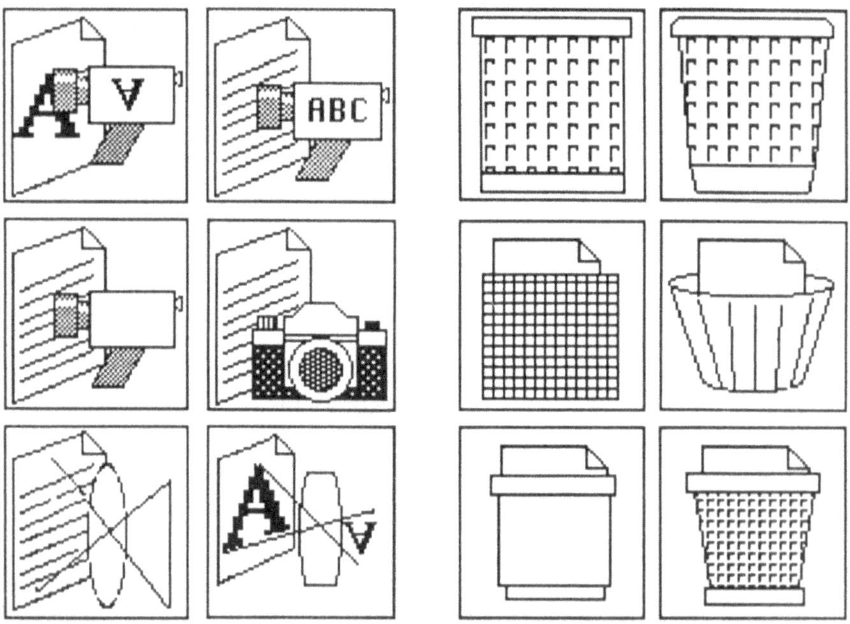

Abb. 73: Alternativen für die Objekte „Blattleser" und „Papierkorb"

14.5 Evaluation des Piktogrammsets

Zur Evaluierung der Piktogramme wäre es am günstigsten gewesen, diese auf dem Bildschirm im realen Aufgabenkontext von potentiellen zukünftigen Systembenutzern testen zu lassen (BEWLEY et al. 1983). Aus technischen Gründen mußte sich die Evaluation der Piktogramme auf Expertenbefragungen und Fragebogen-Interviews beschränken (Abschnitt 14.7.3).

14.5.1 Methodisches Vorgehen

Zunächst wurden in einer Reihe von Expertengesprächen mit Systementwerfern die 320 erstellten Piktogrammvorschläge diskutiert. Aufgrund der zahlreichen Verbesserungsvorschläge und Rückkopplungen konnte im Verlauf dieser Gespräche die Zahl der Piktogrammalternativen auf 50 eingegrenzt werden.

Die verbliebenen 50 Piktogrammalternativen wurden 29 Stelleninhabern aus Büro und Verwaltung in Form von vorstrukturierten Interviews vorgelegt, wobei ein Gesprächsleitfaden (14.7.3) verwendet wurde.

Gleichzeitig wurden verschiedene Piktogramme auf ihre gemeinsame logische Konsistenz überprüft. Dies war insbesondere für die verwendeten Ablagesysteme (14.5.2.1) und den elektronischen Briefkasten (14.5.2.3) wichtig. Für die Befragung wurden insgesamt 29 Personen ausgewählt, die sich folgendermaßen charakterisieren lassen (Abb. 74).

Betriebliche Funktion		Anzahl Befragte
Sekretärinnen	mit Erfahrung an verschiedenen Bildschirmgeräten	23
Knowledge-worker/ Sachbearbeiter	teilweise mit Erfahrung an Bildschirmgeräten	4
Manager	teilweise mit Erfahrung an Bildschirmgeräten	2

Abb. 74: Stichprobe bei der Evaluation der Piktogramme

Als sehr wichtige Gesprächspartner erwiesen sich im Verlauf der Interviews Sekretärinnen, da sie die im Fragebogen als „kritisch“ betrachteten Büroobjekte (wie z. B. Postein- und -ausgang) meist für einen oder mehrere Vorgesetzte bzw. Arbeitsgruppen täglich ausführen und deshalb klare Vorstellungen von im Alltag üblichen Büroobjekten besitzen.

14.5.2 Ergebnisse der Befragung

Der Gesprächsleitfaden war in mehrere inhaltliche Abschnitte gegliedert. Als erstes wurden Piktogramme für Ablagesysteme untersucht. Im zweiten Teil sollten Piktogramme für allgemeine Büroobjekte evaluiert werden, insbesondere hier wurden noch relativ unbekannte Leistungsmerkmale moderner Bürosysteme abgefragt. Aufgrund der bisher geringen Verbreitung mußten hier die Interviews auf einige Experten beschränkt bleiben.

14.5.2.1 Ablagesysteme im Büro

a) Arbeitsplatzablage

In Frage 1, in der die Arbeitsplatzablage im Kontext aller Ablagesysteme befragt wurde, entschieden sich die meisten Personen für die Hängeregistratur. Die Darstellung von drei nebeneinanderstehenden Leitz-Ordnern, die ebenfalls als Vorschlag für die Arbeitsplatzablage gedacht war, wurde nur von vier Befragten mit völliger Sicherheit als solche erkannt (Abb. 75).

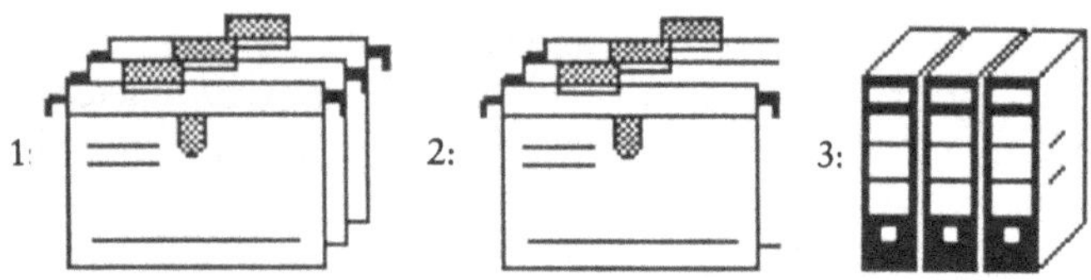

Abb. 75: Rangreihe des Piktogramms „Arbeitsplatzablage“

In einer weiteren Frage wurde die Arbeitsplatzablage vor dem Hintergrund des hierarchischen Konzepts: „Zentrale Registratur. . . ., Arbeitsplatzablage. . . ., Einzelordner“ diskutiert (vgl. Abb. 68). Von den 29 Befragten bevorzugten 15 die Darstellungsform der Leitz-Ordner, die sie als „deutlicher“,“mit stärkerem Symbolcharakter“ bezeichneten.

4 Personen stuften die Hängeregistratur als „moderner“ und „handlicher“ ein (Abb. 76):

1: Einzelordner Arbeitsplatzablage zentrale Registratur

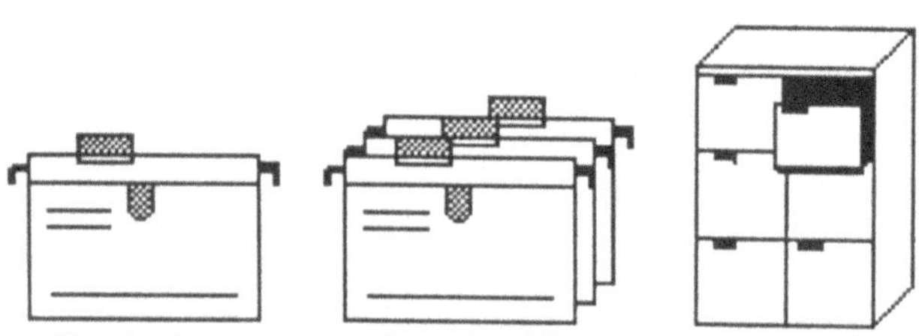

2: Einzelordner Arbeitsplatzablage zentrale Registratur

Abb. 76: Bewertung der Arbeitsplatzablage im hierarchischen Kontext.

b) Einzelordner

Für das Objekt „Einzelordner" waren mehrere Gestaltungsalternativen vorgesehen. Um eine möglichst sichere Auswahl zu gewährleisten, wurde der Einzelordner als Element des Aktenschrankes in unterschiedlichem Kontext beurteilt. Abb. 77 zeigt die Präferenzen bezüglich der verschiedenen Alternativen.

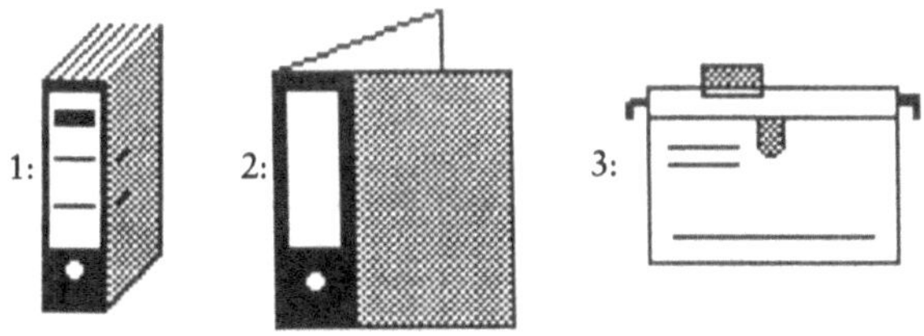

Abb. 77: Rangreihe des Piktogramms „Einzelordner"

c) Zentrale Registratur

In gleicher Weise wie die Objekte „Einzelordner" und „Arbeitsplatzablage" wurde die „Zentrale Registratur" befragt, bei der ebenfalls aus drei Darstellungsalternativen die geeignetere ausgesucht werden sollte (Abb. 78).

Wie die Antworten zeigen, wurde der symbolisierte Aktenschrank mit den angedeuteten Leitzordner-Rücken zwar wesentlich häufiger eindeutig erkannt als der Hängeregistraturschrank, die häufigen Einstufungen mit „5", d.h. „Darstellung ist undefinierbar", gaben jedoch Anlaß, hier weitere Gestaltungsvorschläge einzuholen. Die Anregungen der Befragten lassen sich folgendermaßen zusammenfassen:
Die Leitzordner-Sammlung sollte ebenfalls (wie die Einzelordner und Arbeitsplatzablage) perspektivisch dargestellt werden, und zwar mit einem Rahmen, um die Geschlossenheit der Darstellung zu verdeutlichen (Abb. 78).

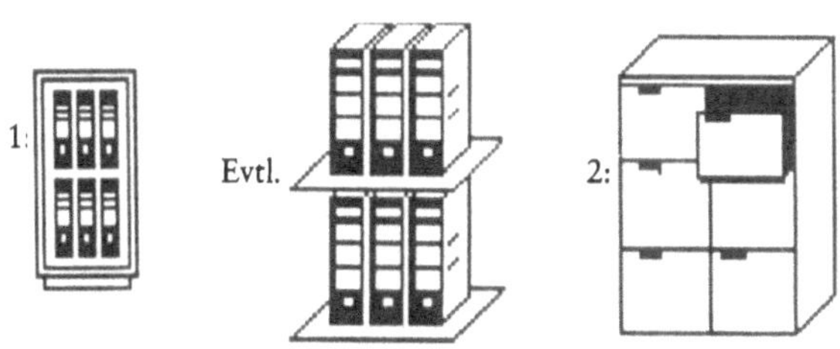

Abb. 78: Rangreihe des Piktogramms „zentrale Registratur"

d) Ablagekorb

Für den Ablagekorb wurde fast einstimmig das Piktogramm aus Abb. 79 gewählt.

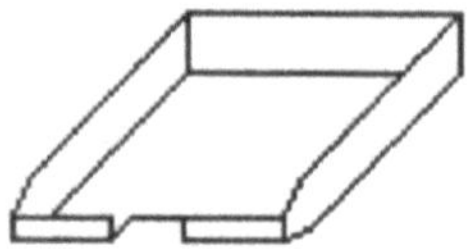

Abb. 79: Piktogramm für „Ablagekorb“

Es wurde von 26 Befragten (= 90%) mit völliger Sicherheit erkannt.

e) Vorgangsmappe

Die Vorgangsmappe wurde in drei Gestaltungsvarianten vorgelegt, wobei die Interviewten die Reihenfolge ihrer Präferenz („1“ = die beste Darstellung, „3“ = die schlechteste Darstellung) angeben sollten. Falls sie eine der Gestaltungsvarianten als völlig unzureichend betrachteten, sollten sie die Note „5“ vergeben. Die Antwortverteilung zeigt, daß alle Darstellungen nicht „durchschlagend“ klar erkannt wurden; relativ am besten wurde die Darstellung der Unterschriftenmappe bewertet (Abb. 80).

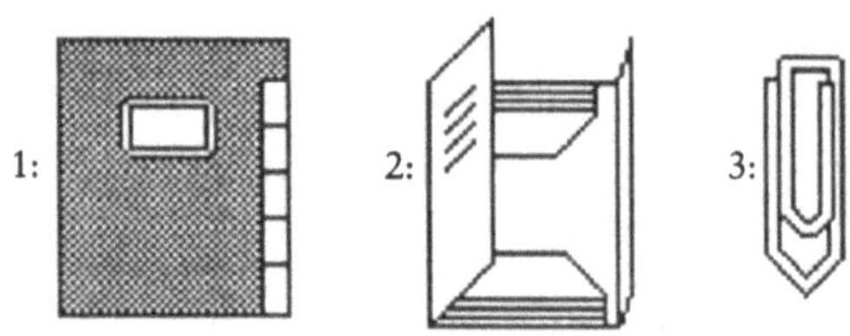

Abb. 80: Rangreihe des Piktogramms „Vorgangsmappe“

f) Papierkorb

Von zwei Alternativen wurde die eine aufgrund „besserer Form“ deutlich positiver (18 versus 3 Bevorzugungen) beurteilt (Abb. 81).

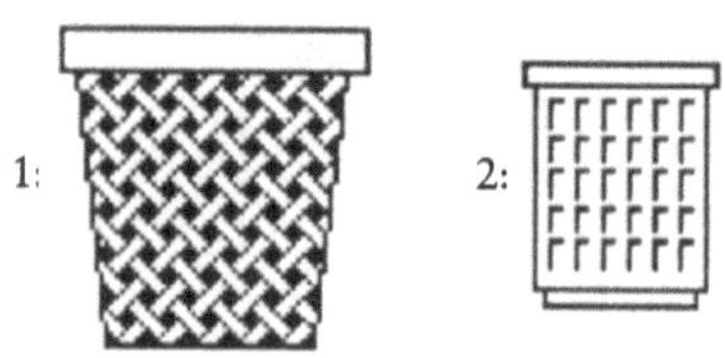

Abb. 81: Rangreihe des Piktogramms „Papierkorb“

14.5.2.2 Allgemeine Büroobjekte

Es sollte geprüft werden, wie sicher die abgebildeten Piktogramme zu den folgenden Büroobjekten passen (Abb. 82):

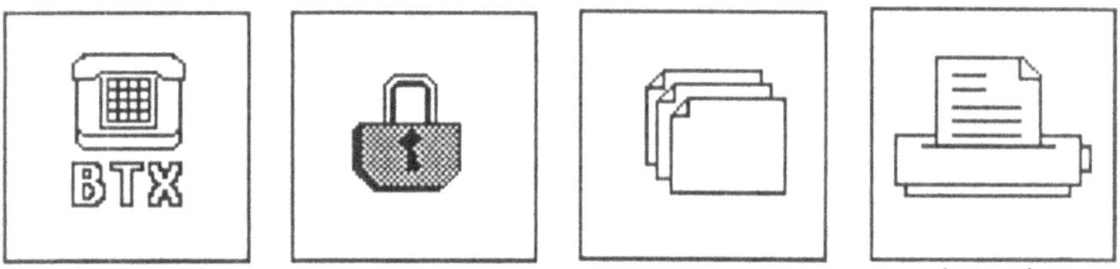

a) Bildschirmtext b) Datensicherung c) Dokument d) Drucker

e) Taschenrechner f) Telefon g) Terminkalender

Abb. 82: Allgemeine Büroobjekte als Piktogramme

Sämtliche Büroobjekte konnten von der überwiegenden Mehrheit der Befragten eindeutig und völlig sicher zugeordnet werden, so daß alle Vorschläge übernommen wurden. Geringfügige Änderungen ergaben sich aufgrund zahlreicher konstruktiver Hinweise der Befragten bei folgenden Darstellungen:

a) Für die Darstellung des Dokuments wurde lediglich ein Blatt gewählt, da dies bereits bei mehreren Bürosystemen gleichermaßen eingeführt ist.
b) Die Telefondarstellung für „BTX“ und „Telefon“ wurde vereinheitlicht (Konsistenz der Darstellung)
c) Das Piktogramm für „Datensicherung“ wurde von vielen Befragten zwar erkannt, aber als schlecht (unpassend, primitiv, zu vertraulich) kritisiert. Die bessere Alternative schien ein Vorschlag, der bereits vorher ausgesondert worden war, nun aber wiederaufgegriffen und übernommen wurde: „Schloß in Diskette“ (Abb. 83).

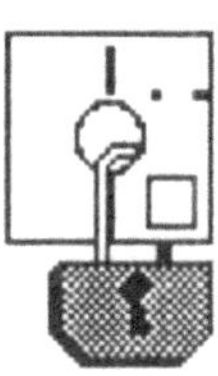

Abb. 83: Anregung für das Piktogramm „Datensicherung“

14.5.2.3 Posteingang/Postausgang

Für den elektronischen Briefkasten waren drei Piktogramme erforderlich, die a) konsistent in der Darstellung (da gleiches Bezugsobjekt „Briefkasten") und b) eindeutig unterscheidbar bzw. unverwechselbar sein sollten.

Die drei Piktogramme bezogen sich auf die Sachverhalte:
- Posteingang – leer,
- Posteingang – voll,
- Postausgang.

Auch bei diesen „Büroobjekten" ergaben sich bereits in der Phase der Ideenfindung besondere Schwierigkeiten für eine eindeutige Darstellungsform. Deshalb wurde der elektronische Briefkasten in seinen drei Ausprägungsformen im Fragebogen wiederum in unterschiedlichem Kontext diskutiert.

Die vier verschiedenen Kontextmöglichkeiten sind in Abb. 84 dargestellt.

POSTEINGANG „leer"	POSTEINGANG „voll"	POSTAUSGANG
(„leer" bedeutet,daß sich keine Post im elektronischen Briefkasten befindet)	(„voll" bedeutet, daß sich Post im elektronischen Briefkasten befindet)	

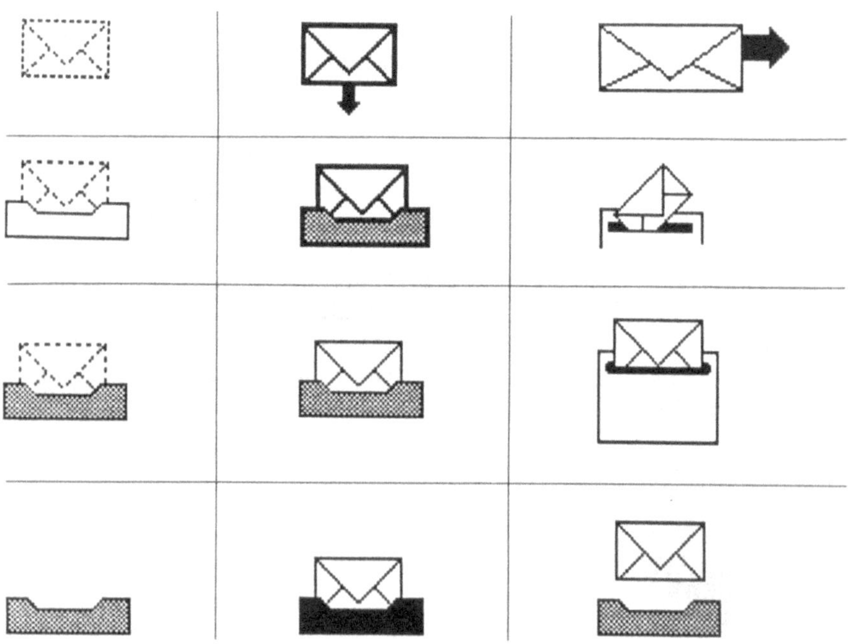

Abb. 84: Darstellungskontext für Posteingang/Postausgang

Neun der 29 Befragten entschieden sich zwar für die oberste Reihe, jedoch nur unter dem Vorbehalt einiger graphischer Änderungen. Die restlichen Antworten streuten sehr stark. Auch dieses Ergebnis verdeutlicht, daß keine der vorgeschlagenen Gestaltungsalternativen als „geeignet" zu empfehlen ist.

Eventuell ließe sich folgende Alternative verwenden, die von einigen Befragten als optimal bezeichnet wurde (Abb. 85). Ungünstig ist dabei jedoch, daß die Darstellung relativ komplex ist, und daß der Ablagekorb schon für ein anderes Objekt als Piktogramm verwendet wird.

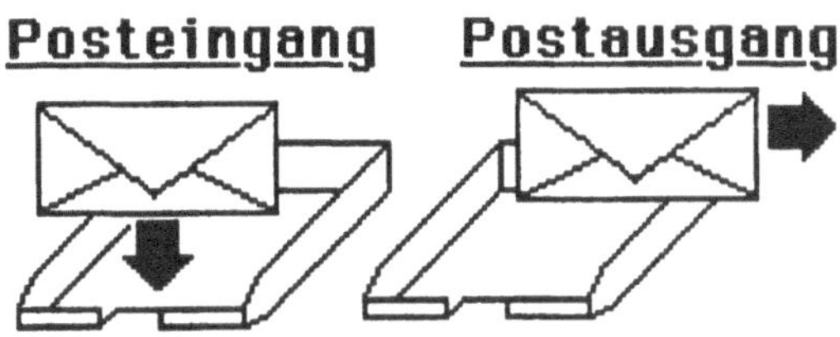

Abb. 85: Benutzervorschlag für „Posteingang/Postausgang".

14.5.2.4 Spezielle technische Leistungsmerkmale

Der zweite Teil des Fragebogens umfaßte spezielle technische Leistungsmerkmale moderner Bürocomputer, die teilweise nicht innerhalb der Analogie des elektronischen Schreibtisches dargestellt werden können (wie z.B. das Objekt „Depot"). Die Piktogrammdarstellungen in diesem Teil erforderten von den Befragten genauere Kenntnisse über multifunktionale Bürosysteme, so daß sie nur mit 13 Gesprächspartnern mit einschlägigen Fachkenntnissen diskutiert werden konnten.

a) Betriebswirtschaftliche Anwendungen
Keines der Piktogramme wurde durchgehend positiv bewertet. Es konnte jedoch folgende Rangreihe gebildet werden (Abb. 86):

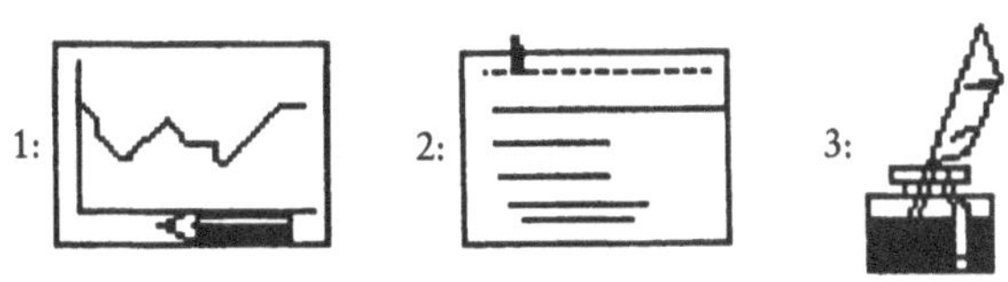

Abb. 86: Rangreihe des Piktogramms „Betriebswirtschaftliche Anwendungen"

b) Bildschirmkopie
Für die „Bildschirmkopie" wurden zwei Alternativen angeboten, von denen ebenfalls keine durchwegs überzeugen konnte (5 der 13 Gesprächspartner fanden, daß keine von beiden gut geglückt sei).

Die Darstellung wurde entsprechend modifiziert am Bildschirm implementiert (Abb. 87):

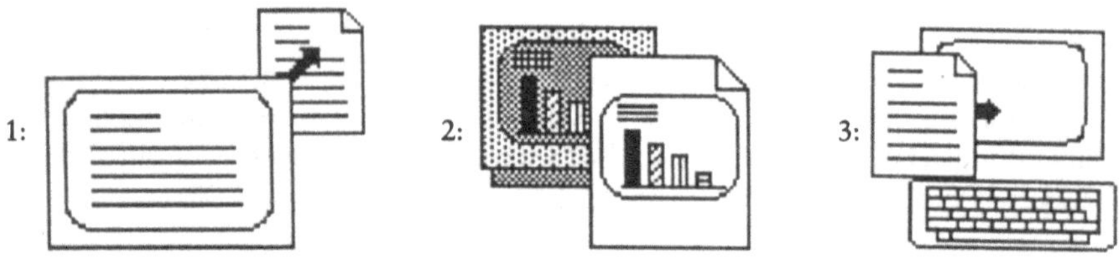

Abb. 87: Rangreihe des Piktogramms „Bildschirmkopie“

c) Blattlesegerät

Von den vier angebotenen Darstellungen wurde fast einheitlich die erste überhaupt als „diskutabel“ bezeichnet (Abb. 88):

Abb. 88: Rangreihe des Piktogramms „Blattlesegerät“

d) Depot

In das „Depot“ sollen alle Objekte abgelegt werden und damit vom Bildschirm verschwinden, die der Benutzer für seine augenblickliche Arbeit nicht braucht. Von den 13 Befragten konnten 6 kein Urteil abgeben, sie beurteilten dieses Objekt als „lernbedürftig“ (Abb. 89).

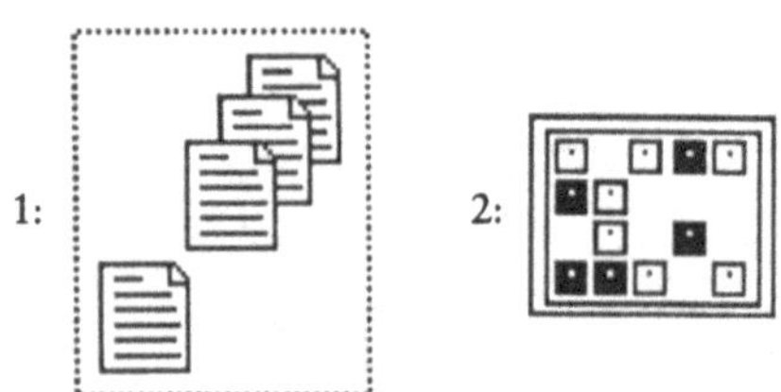

Abb. 89: Rangreihe des Piktogramms „Depot“

e) Spracherkennung

Das Piktogramm für Spracherkennung wurde im allgemeinen gut erkannt, wobei das runde Mikrophon dem eckigen vorgezogen wurde (Abb. 90).

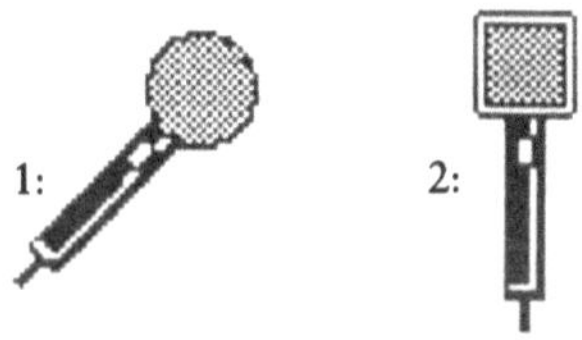

Abb. 90: Rangreihe des Piktogramms „Spracherkennung"

f) Sprachaufzeichnung

Für die Sprachaufzeichnung wurde von 9 Gesprächspartnern dem Diktiergerät ein hoher Wiedererkennungswert zugebilligt, da dies das im Bürobereich übliche Objekt für sämtliche Zwecke der Sprachaufzeichnung ist (Abb. 91).

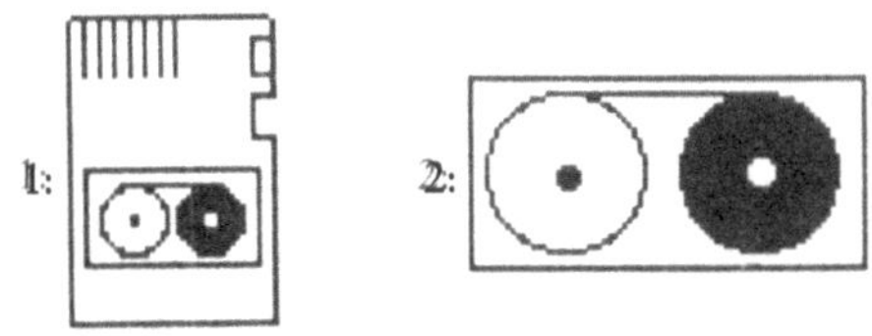

Abb. 91: Rangreihe des Piktogramms „Sprachaufzeichnung"

g) Diskettenordner

Von den 12 Befragten konnten drei kein Urteil abgeben, da sie sich nichts darunter vorstellen konnten. Bei den restlichen 9 Gesprächspartnern ergab sich folgende Rangreihe (Abb. 92):

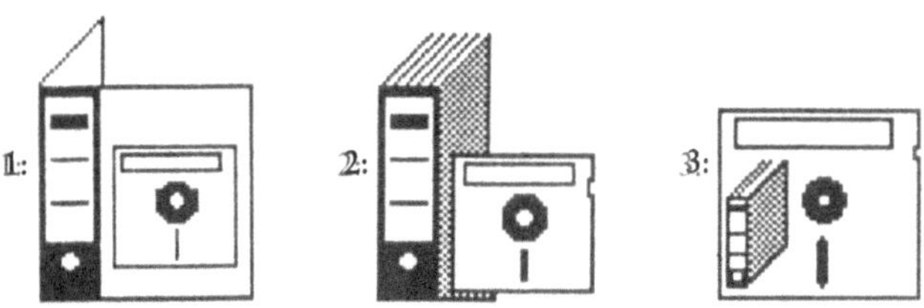

Abb. 92: Rangreihe des Piktogramms „Diskettenordner"

h) Projektverfolgung

Es ergab sich folgende Rangreihe, wobei die beiden schlechten Alternativen als völlig indiskutabel bezeichnet wurden (Abb. 93):

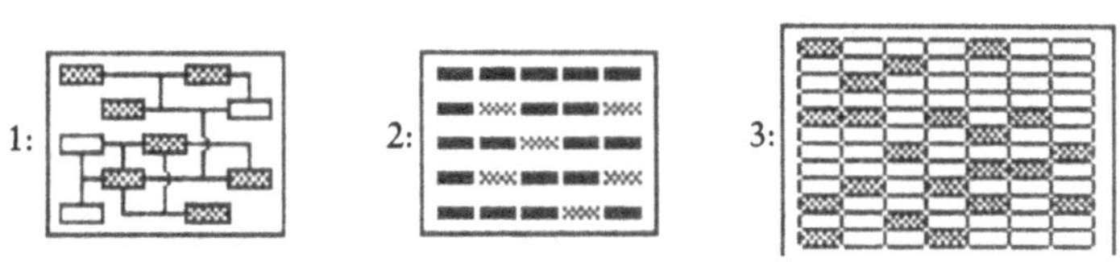

Abb. 93: Rangreihe des Piktogramms „Projektverfolgung"

i) Zwischenspeicher
Der Zwischenspeicher soll jeweils am Bildschirm anzeigen, ob er „leer“ ist oder ob sich gerade ein „Text“, eine „Graphik“ oder eine „Zeichnung“ darin befindet, die in ein Dokument integriert werden soll. Hier war nur eine Alternative vorhanden, die zwar als lernbedürftig, jedoch auch als durchaus brauchbar eingeschätzt wurde (Abb. 94).

Abb. 94: Piktogramm „Zwischenspeicher“

k) Sprachausgabe
Für das Leistungsmerkmal „Sprachausgabe“ wurde das (allgemein verbreitete) Lautsprechersymbol vorgeschlagen. Dieses Zeichen wurde von allen Befragten erkannt; die Andeutung der Schallwellen wurde als unnötig bezeichnet (Abb. 95).

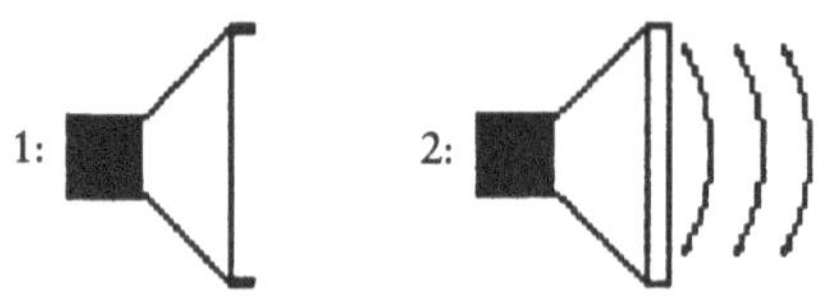

Abb. 95: Rangliste des Piktogramms „Sprachausgabe“

14.6 Kritische Betrachtung der Gesamtuntersuchung

Die hier dargestellten Ergebnisse sind qualitativer Art. Um die Aussagen und die gefundenen Piktogramme auf eine breitere empirische Basis zu stellen, wäre eine größere Anzahl evaluierender Personen nötig. Notwendig wäre nach dieser ersten Evaluationsphase mittels Fragebogen vor allem die Beurteilung der nun erbrachten Vorschläge als Bildschirmdarstellung.

Weiterhin konnte eines der wichtigsten Beurteilungskriterien für Piktogramme im Fragebogen nur unzureichend geprüft werden: Der Kontext der realen Aufgabenausführung am Bildschirm. Erst hier lassen sich Aspekte wie „Verwechselbarkeit“, „Eindeutigkeit“, „Fehleranfälligkeit“ u. a. berücksichtigen.

14.7 Anlagen

14.7.1 Protokollbogen „Benennungen“

Kriterien der Ansprechpartner:

Auswahlkriterium:
Wer macht die Ablage?

Kompetenzkriterium:
Für wen wird die Ablage gemacht?

1. Wohin werden bei Ihnen *abgeschlossene Vorgänge/Briefe* etc. eingeordnet?
2. Nach welchen *Regeln* geschieht dies?
3. Gibt es bei Ihnen *ein* solches *System* oder *mehrere?*
   Wie werden diese bei Ihnen genannt?
4. Wie bzw. wo bewahren Sie *Unerledigtes* auf?
5. Ordnen Sie *Dokumente* lediglich *einmal* (z.B. ein einzelner Durchschlag/Kopie) ein, oder *mehrfach* (nach verschiedenen Kriterien)?
   - Wie viele (anteilig)?
   - Aufwand?
   - Vollständigkeit?
6. Wie werden bei Ihnen die *verschiedenen Aufbewahrungsorte* genannt (z.B. Ordner, Klarsichthülle, Schublade, Schrank, Fach, Registratur)?
   - *Was* befindet sich in jedem dieser Aufbewahrungsorte?
7. Was verstehen Sie (ganz spontan) unter folgenden Begriffen?

	Assoziation/alternative Benennung
a. „persönliche Ablage“	
b. „Ablagekorb“	
c. „Mappe“	
d. „Vorgangsmappe“	
e. „Diskettenordner“	
f. „Zentralarchiv“	
g. „Systemdepot“	
h. „Projekt- bzw. Auftragsakte“	

Charakterisierung des Gesprächspartners:

1. Stellenbezeichnung
   - Sekretärin
   - Sachbearbeiter
   - knowledge worker (Fachleute)
   - Manager

2. Vorerfahrung mit Bildschirm-Terminals
   - Techniker (Entwickler)
   - Nicht-Techniker
     - mit Vorerfahrung am BS
       welches Gerät . . . .
     - ohne Vorerfahrung am BS

3. Interesse an Büroautomatisierung (Akzeptanz)
   - groß
   - zwangsweise
   - kein Interesse

14.7.2 Ursprüngliche Piktogrammentwürfe

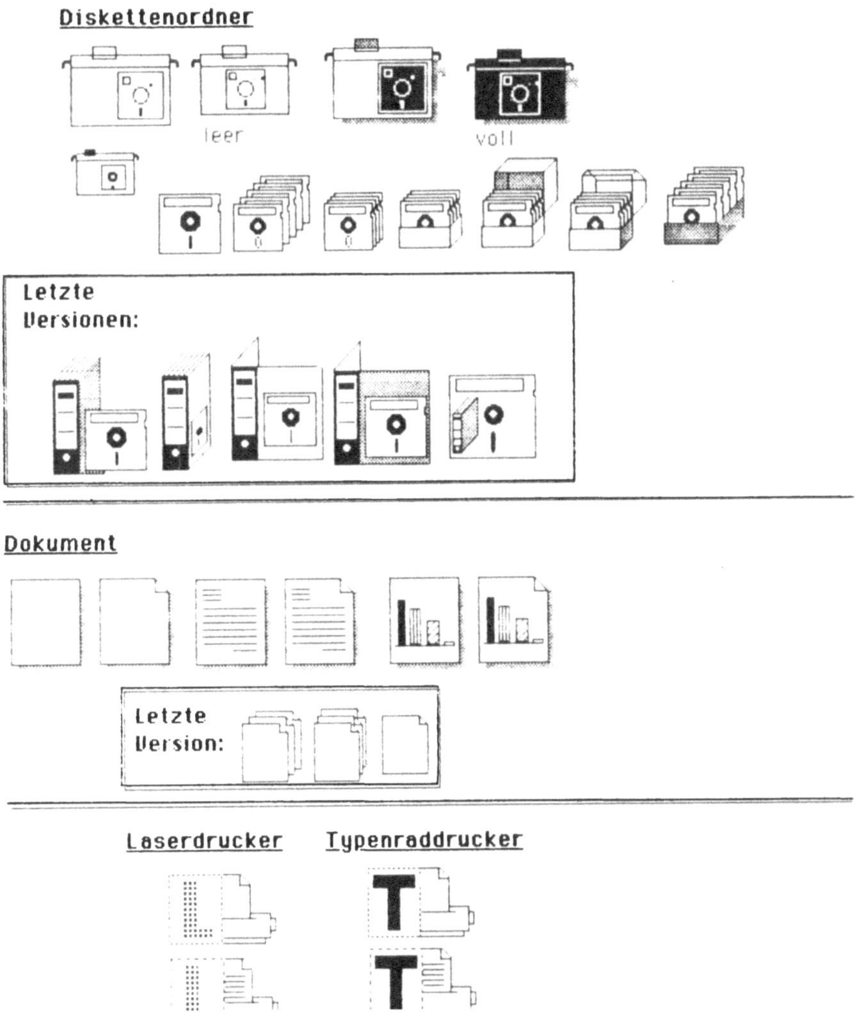

Datensicherung

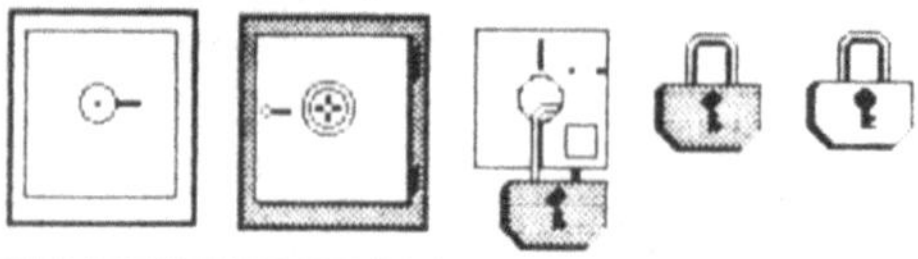

Depot

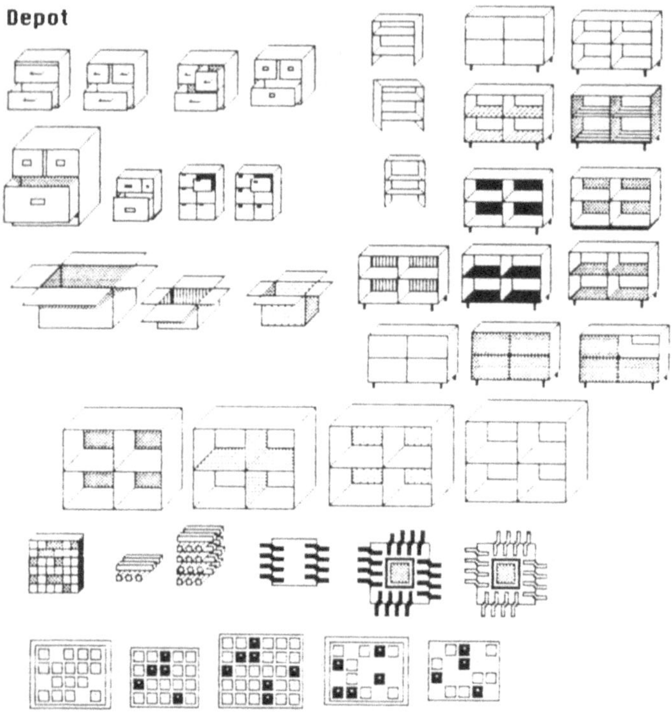

Diktiergerät

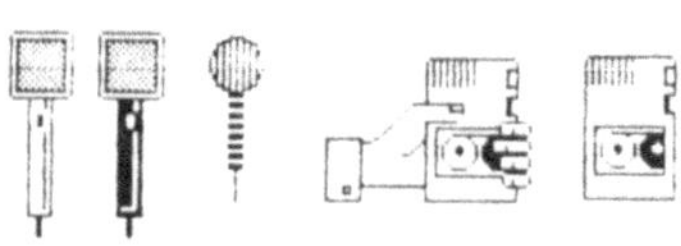

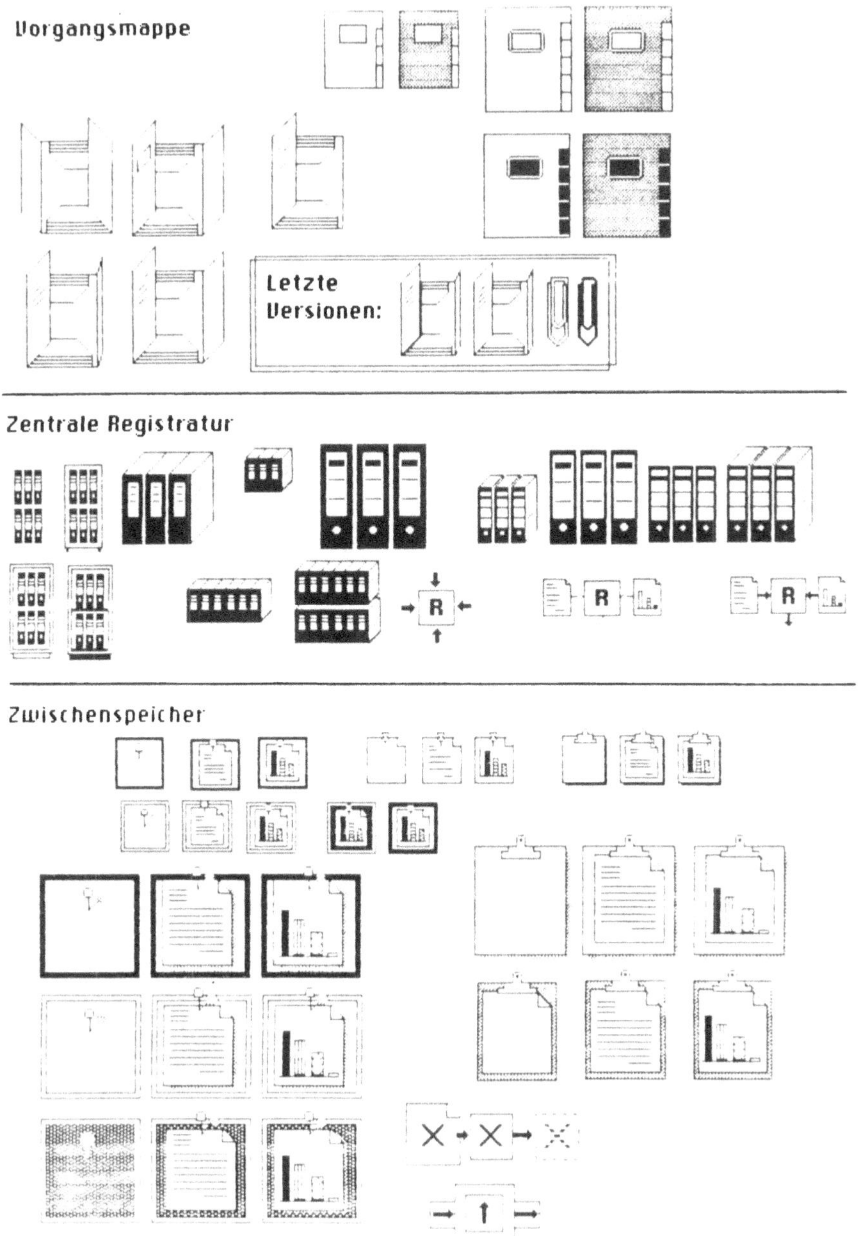
Vorgangsmappe
Letzte
Versionen:
Zentrale Registratur
R
Zwischenspeicher

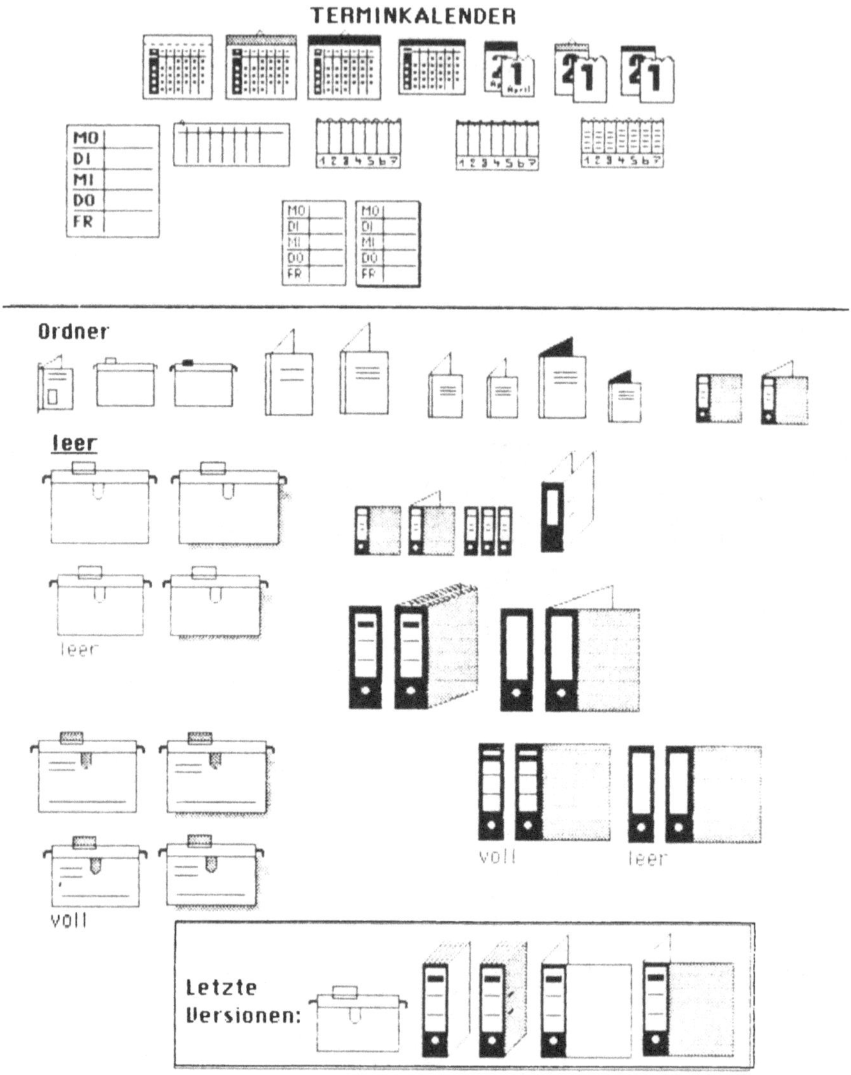
TERMINKALENDER
MO
DI
MI
DO
FR
Ordner
leer
leer
voll
leer
voll
Letzte Versionen:

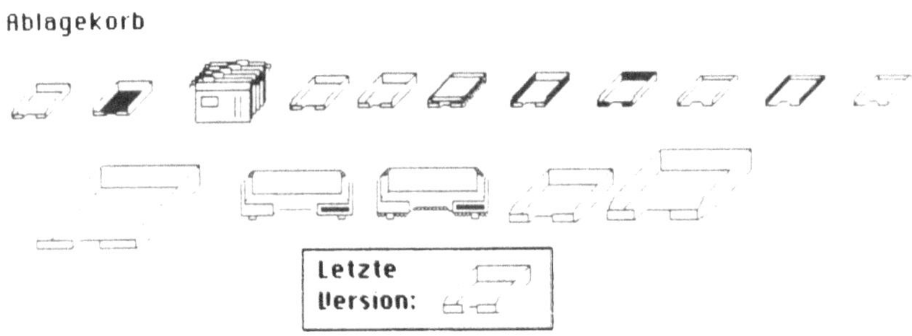
Ablagekorb
Letzte
Version:

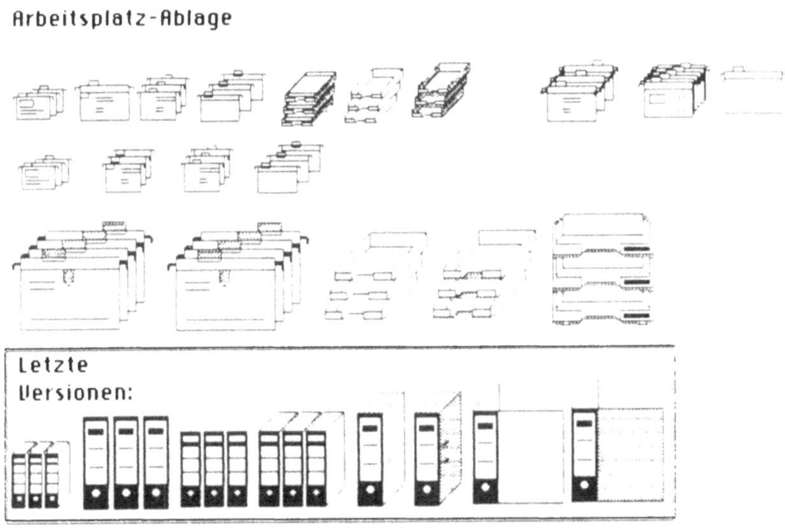
Arbeitsplatz-Ablage
Letzte
Versionen:

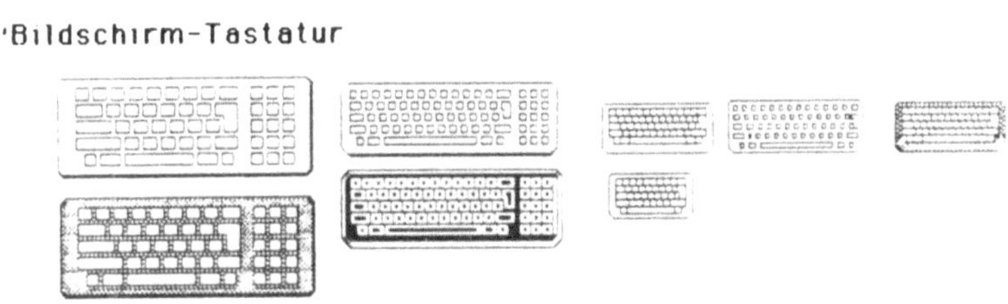
Bildschirm-Tastatur

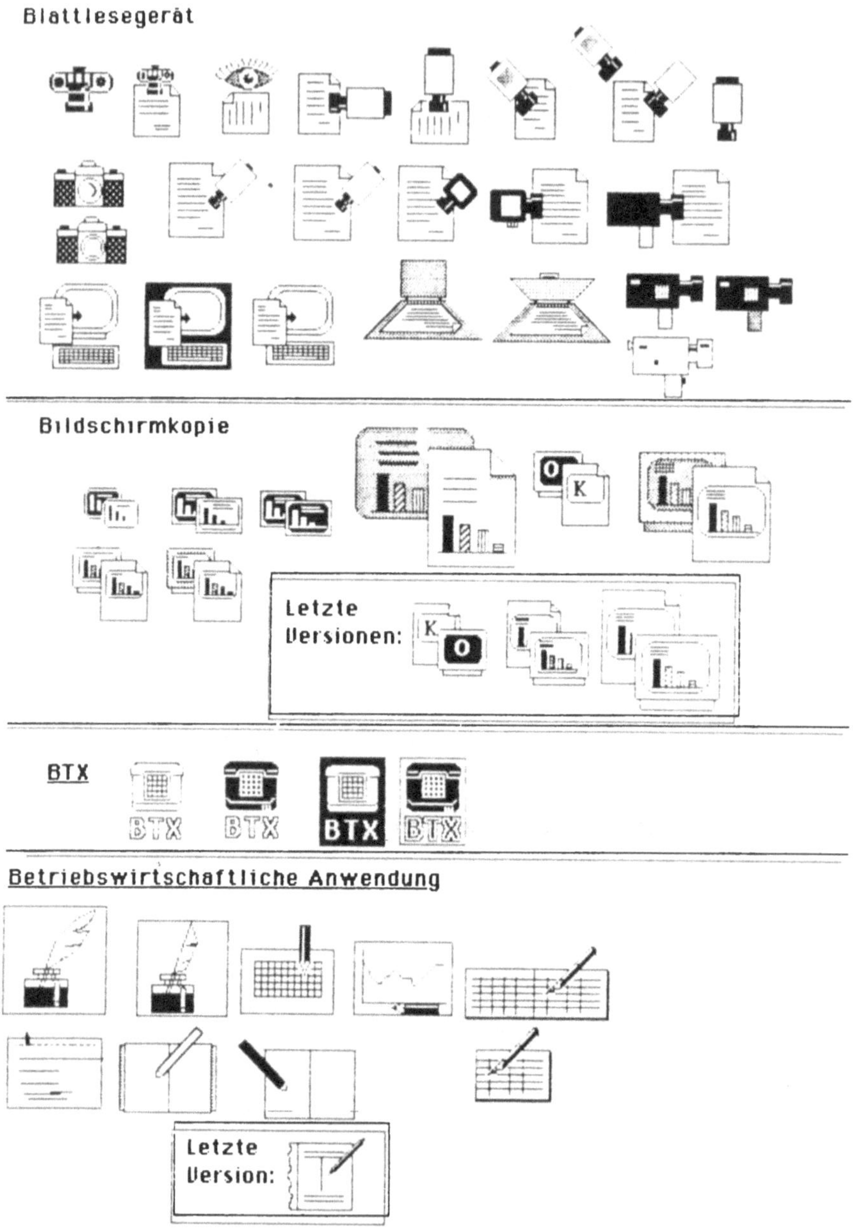
Blattlesegerät
Bildschirmkopie
K
O
Letzte
Versionen:
K
O
BTX
BTX
BTX
BTX
BTX
Betriebswirtschaftliche Anwendung
Letzte
Version:

Papierkorb

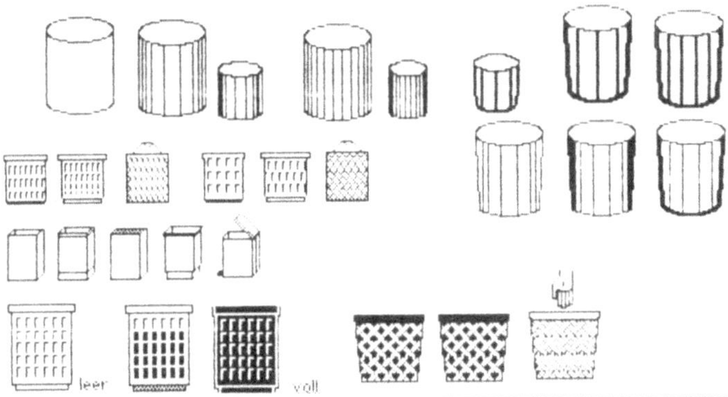
leer
voll

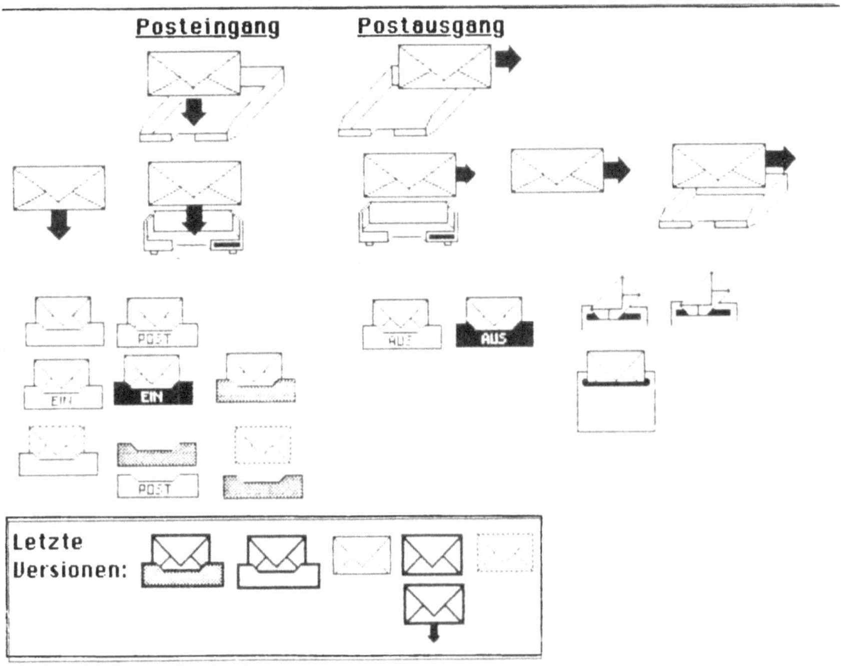
Posteingang
Postausgang
POST
AUS
AUS
EIN
EIN
POST
Letzte
Versionen:

14.7.3 Interviewleitfaden zur Evaluation

Ziel: Entwicklung von Piktogrammen, deren Sinngehalt soweit möglich aus dem normalen Büroalltag entnommen ist (desk-top-Analogie).

1. Thema: *Ablagesysteme im Büro*

Im folgenden sind einige Piktogramme über Ablagesysteme dargestellt. Darunter sind in alphabetischer Reihenfolge einige Benennungen geschrieben. Geben Sie bitte für jedes Piktogramm an, welche der untenstehenden Benennungen Sie dafür als sinnvoll betrachten. Falls Ihnen für ein Piktogramm mehrere Benennungen als geeignet erscheinen, geben Sie bitte alle Ihrer Meinung nach in Fragekommenden an (Mehrfachantworten möglich).

Geben Sie bitte bei der Eintragung der Benennung zusätzlich an, wie *sicher* Sie sich bei der jeweiligen Zuordnung sind.

1 = „bin mir völlig sicher in der Zuordnung"
.
.
.
5 = „bin mir sehr unsicher in der Zuordnung"

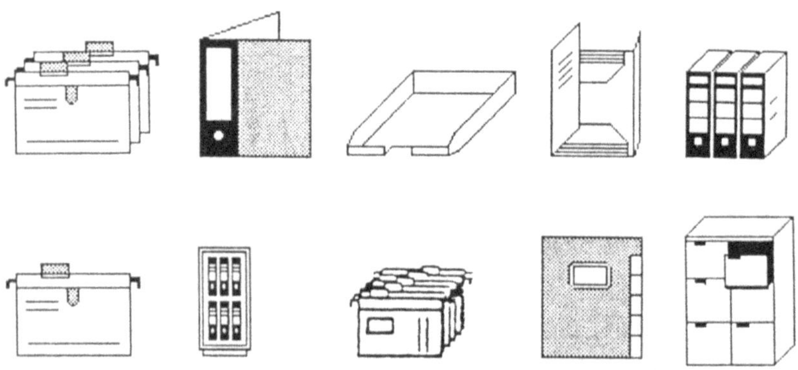

(a) Ablagekorb (b) Arbeitsplatzablage (c) Einzelordner
(d) Vorgangsmappe (e) Zentrale Registratur (f) andere Vorschläge

2. Thema: *Allgemeine Büroobjekte*

Bitte ordnen Sie – wie bei dem 1. Thema – jedem der folgenden Piktogramme, die aus dem allgemeinen Büroalltag stammen, eine (bzw. mehrere) Benennungen zu, die Ihnen passend erscheinen (Mehrfachantworten möglich).

Geben Sie bitte bei der Eintragung der Benennung zusätzlich an, wie sicher Sie sich bei der jeweiligen Zuordnung sind.

1 = „bin mir völlig sicher in der Zuordnung“

.

.

.

5 = „bin mir sehr unsicher in der Zuordnung“

(a) Bildschirmtext (BTX)
(b) Datensicherung
(c) Dokument
(d) Drucker
(e) Taschenrechner
(f) Telefon
(g) Terminkalender
(h) Posteingang
(i) Postausgang
(j) andere Vorschläge

3. Thema: *Auswahl aus mehreren Alternativen von Piktogrammen*

Im folgenden werden wir Ihnen jeweils für einen bestimmten Aspekt aus der Büroarbeitswelt mehrere Piktogrammvorschläge als Alternativen vorstellen.

Zunächst geht es um verschiedene Möglichkeiten, wie man die Objekte „Posteingang“ bzw. „Postausgang“ in Form von Piktogrammen am Bildschirm darstellen könnte.

Geben Sie bitte bei jedem der nachfolgenden Piktogramme an, ob Sie es eher als für den „Posteingang“ oder „Postausgang“ als geeignete Darstellung betrachten.

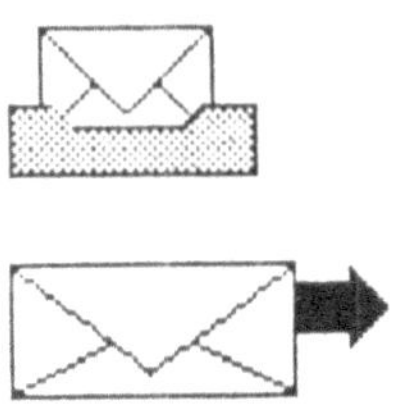

a) Posteingang O
b) Postausgang O
c) weiß nicht O
d) Einstufung ( )

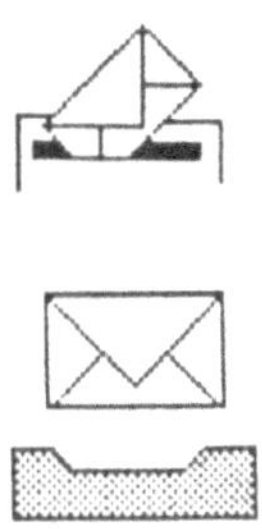

a) Posteingang O
b) Postausgang O
c) weiß nicht O
d) Einstufung ( )

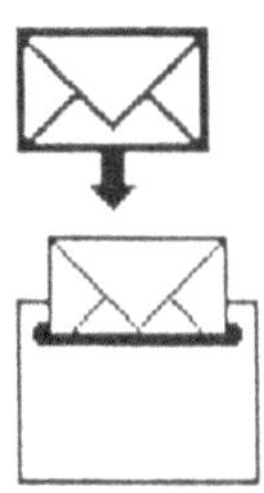

a) Posteingang O
b) Postausgang O
c) weiß nicht O
d) Einstufung ( )

Geben Sie bitte unter d) an, wie gut Ihnen persönlich das Piktogramm für den angegebenen Zweck erscheint.

1 = „bin mir völlig sicher in der Zuordnung“

.

.

.

5 = „bin mir sehr unsicher in der Zuordnung“

Haben Sie zu diesem Themenkreis eigene Vorschläge? Welche?

....

....

....

3.1 *Posteingang – Postausgang – Kontextbetrachtung*

Im folgenden haben wir die Büroobjekte „Posteingang leer“, „Posteingang voll“ und „Postausgang“ im Zusammenhang dargestellt. Geben Sie bitte an, welche Kombination Ihnen am besten geeignet erscheint, um die angegebenen Vorgänge im Zusammenhang zu verdeutlichen.

POSTEINGANG „leer“ („leer“ bedeutet, daß sich *keine* Post im elektronischen Briefkasten befindet)

POSTEINGANG „voll“ („voll“ bedeutet, daß sich Post im elektronischen Briefkasten befindet)

POSTAUSGANG

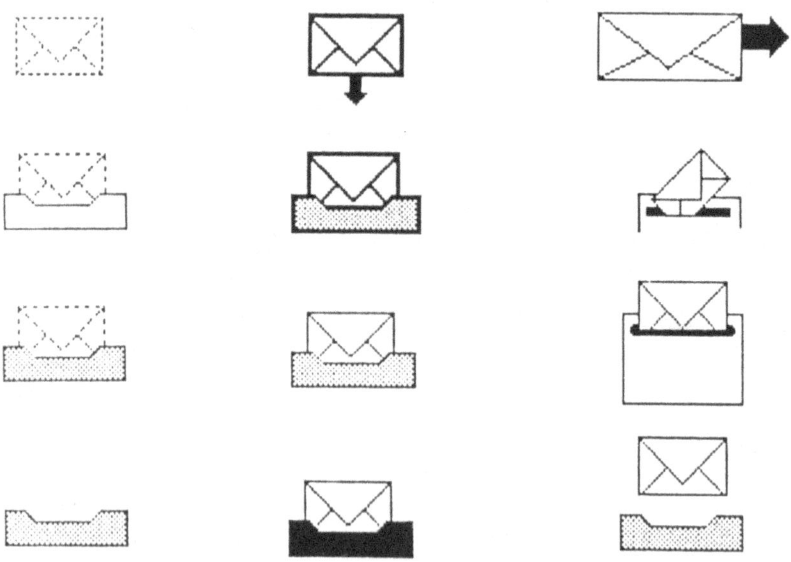

Haben Sie zu diesem Themenkreis eigene Vorschläge? Welche?

....

....

....

3.2 *Piktogrammvorschläge für „Papierkorb"*

Welche der Darstellungen eines Papierkorbs gefällt Ihnen besser? Warum?

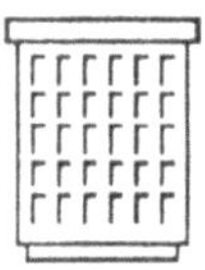

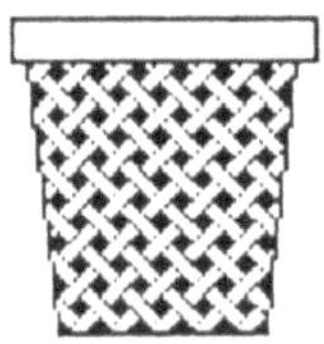

( ) ( )

weil............................ weil............................

....

Andere Vorschläge?

3.3 *Piktogrammvorschläge für die „Vorgangsmappe"*
(zur Abspeicherung eines Vorgangs)

Anmerkung: Eine Vorgangsmappe wird für die vorläufige, meist kurzfristige Aufbewahrung mehrerer Schriftstücke (und zwar eines einzigen Arbeitsvorganges) verwendet.

Welche der folgenden Darstellungen gefällt Ihnen am besten? Geben Sie bitte eine Reihenfolge an.

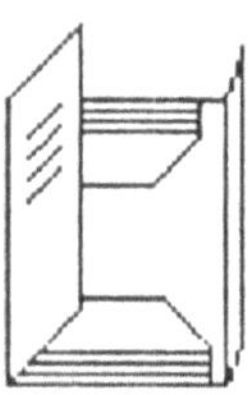

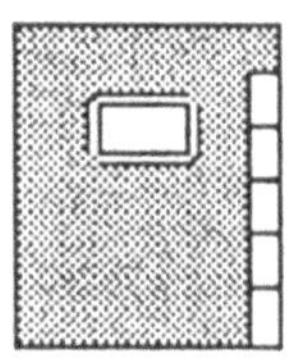

Nr. ... Nr. ... Nr. ...

weil.................. weil.................. weil..................

Andere Vorschläge? Welche?

3.4 *Piktogrammvorschläge für „Ablagesysteme im Kontext"*

Welche der beiden Alternativen für Ablagesysteme gefällt Ihnen besser?

Bitte kreuzen Sie die zutreffende an.

a)

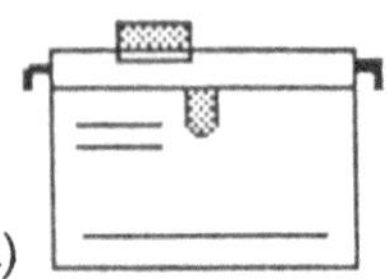

Einzelordner

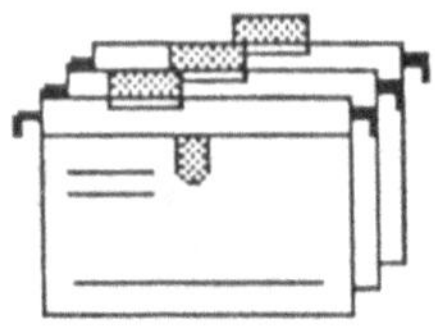

Arbeitsplatz-
ablage

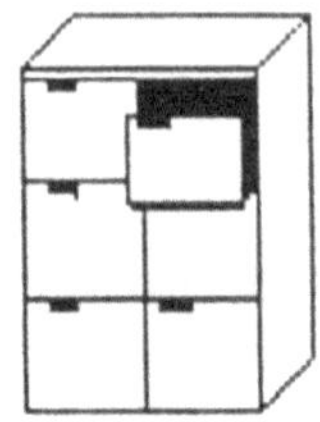

zentrale
Registratur

b)

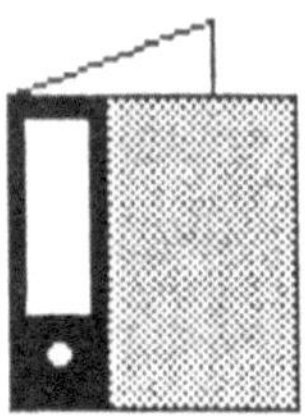

Einzelordner

Arbeitsplatz-
ablage

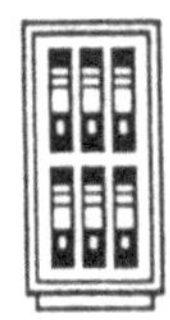

zentrale
Registratur

Begründung für Ihre Präferenz:

....

....

Haben Sie noch weitere Vorschläge? Welche?

3.5 *Piktogrammalternativen zu einzelnen Ablagesystemen*

Im folgenden haben wir für jedes einzelne Ablagesystem einige Alternativen aufgezeichnet. Kreuzen Sie bitte jeweils an, welche Ihnen am besten gefällt (nach Möglichkeit mit Begründung).

a) *Einzelordner:*

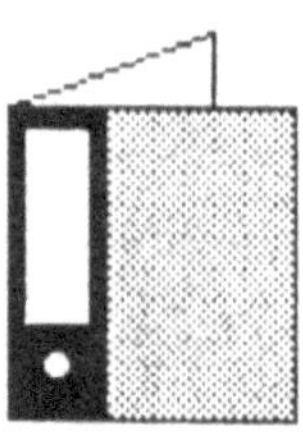

( )

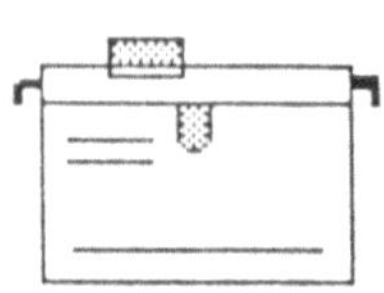

( )

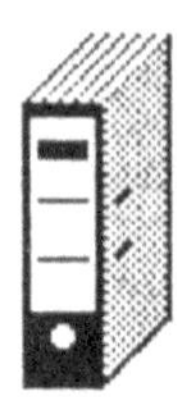

( )

b) *Arbeitsplatzablage:*

( )

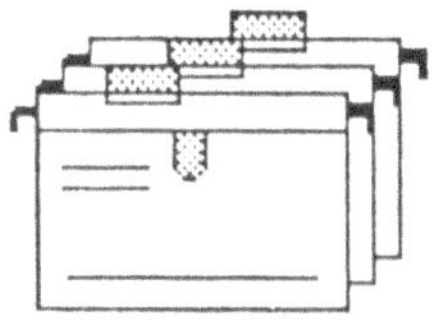

( )

c) *Zentrale Ablage:*

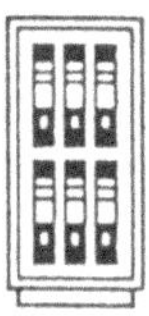

( )

oder

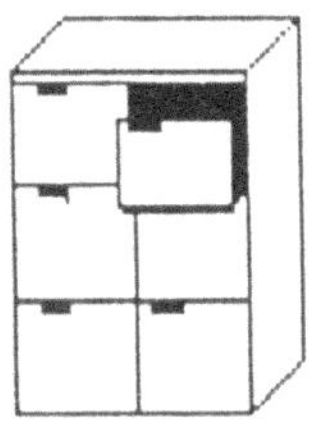

( )

oder

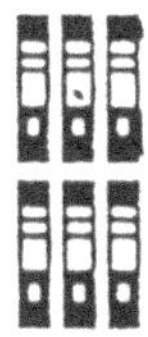

( )

Andere Vorschläge?

Begründung für einzelne Präferenzen:

....

....

EXPERTENTEIL

Die folgenden Inhalte sollen im persönlichen Interview (da im einzelnen erklärungsbedürftig) und nur mit solchen Gesprächspartnern besprochen werden, die bereits an ähnlichen Computersystemen gearbeitet haben, da die einzelnen Leistungsmerkmale der Technik nicht unbedingt einsichtig sind.

Die Gesprächspartner werden jeweils nach folgenden Kriterien zu jedem der Piktogrammvorschläge befragt:

1. Falls mehrere Gestaltungsalternativen geboten werden, welches Piktogramm finden Sie für diesen Zweck am besten geeignet?
2. Ist die Zuordnung von Benennung zu Piktogramm geeignet?
3. Ist die Zuordnung von Benennung zu Piktogramm eindeutig?
4. Finden Sie die Darstellung gut oder schlecht? Bitte angeben auf einer 5-stufigen Skala:
   1 = „Sehr gut" .... 5 = „Sehr schlecht"
5. Begründung für die einzelnen Präferenzen und Urteile.
6. Haben Sie eigene Vorschläge? Welche?

A) *„Betriebswirtschaftliche Anwendungen"*

1.

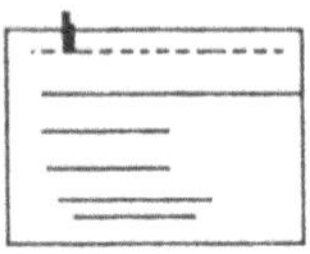 ( )  ( )  ( ) 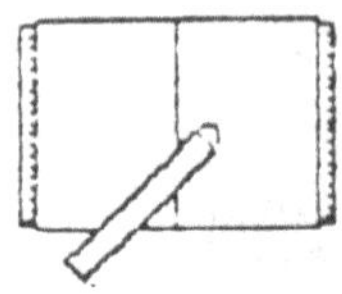 ( )

2. ....
3. ....
4. ....
5. ....
6. ....

B) *„Bildschirmkopie"*

1.

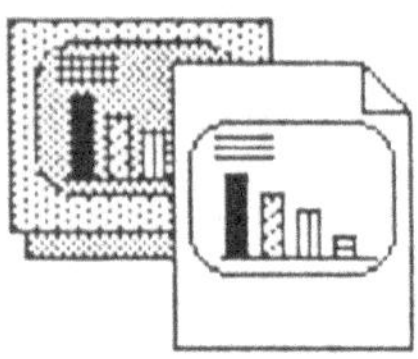 ( )  ( )

2. ....
3. ....
4. ....
5. ....
6. ....

C) *„Blattlesegerät"*

1.

 ( )  ( )  ( ) 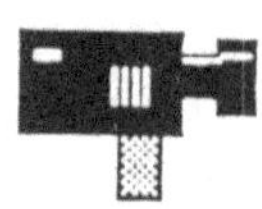 ( )

2. ....
3. ....

4. ....

5. ....

6. ....

D) *„Depot“ (Für alle Objekte des Bildschirms)*

1.

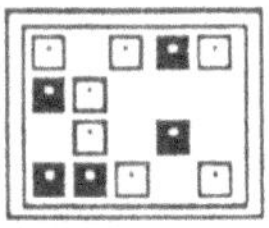

2. ....

3. ....

4. ....

5. ....

6. ....

E) *„Spracherkennung“*

1.

2. ....

3. ....

4. ....

5. ....

6. ....

F) *„Sprachaufzeichnung“*

1.

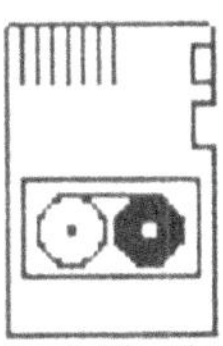

( )

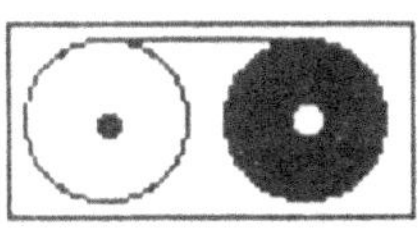

( )

2. ....
3. ....
4. ....
5. ....
6. ....

G) *„Diskettenordner" (Ordner auf einer Diskette)*

1.

( )

( )

( )

2. ....
3. ....
4. ....
5. ....
6. ....

H) *„Projektverfolgung"*

1.

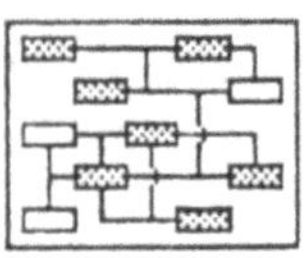
( )

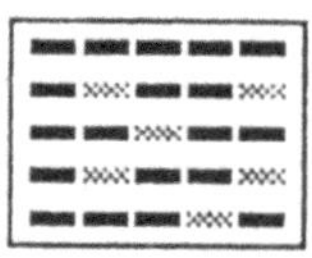
( )

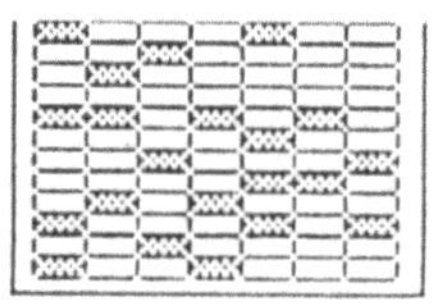
( )

2. ....
3. ....
4. ....
5. ....
6. ....

I) *„Zwischenspeicher"*

1.

( )

( )

( )

2. ....

3. ....

4. ....

5. ....

6. ....

K) *„Sprachausgabe"*

1.

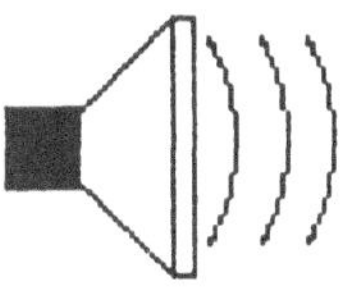

( )

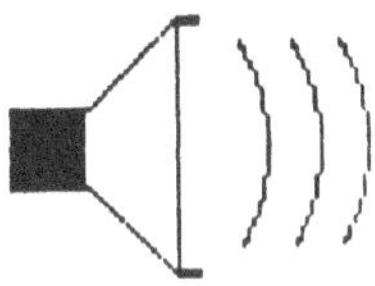

( )

2. ....

3. ....

4. ....

5. ....

6. ....

Literatur

AICHER, O. & KRAMPEN, M. 1977. Zeichensysteme der visuellen Kommunikation. Stuttgart: Koch.

ALLEN, R. 1982. Cognitive factors in human interaction with computers. Behaviour and Information Technology 1(3), 257–278.

ANDERSON, J.R. 1980. Cognitive psychology and its implications. San Francisco: Freeman.

ANTES, J.R.; SINGSAAS, P.A. & METZGER, R.L. 1978. Components of pictorial informativeness. Perceptual and Motor Skills 47, 459–464.

AREND, U; MUTHIG, K.P. & WANDMACHER, J. 1986. Evidence for global feature superiority in menu selection by icons. Darmstadt: Manuskript, Institut für Psychologie, Technische Hochschule.

ARNHEIM, R. 1966. Toward a psychology of art. Berkeley, Ca: University of California Press.

ARNHEIM, R. 1972. Anschauliches Denken. Köln: Du Mont. (Orginal: 1969. Visual thinking. Berkeley: University of California Press).

ARNHEIM, R. 1978. Kunst und Sehen. Berlin: De Gruyter.

ASSOCIATION FOR COMPUTING MACHINERY (Ed.) 1982. Human factors in computer systems. (=Conference Proceedings, Gaithersburg, Maryland). Baltimore: Association for Computing Machinery (=ACM).

BALZERT, H. 1983. Software-Ergonomie. (=Tagungsbericht des German Chapter of the ACM, Nürnberg). Stuttgart: Teubner.

BALZERT, H. 1985. Three experimental multimedia workstations. Nürnberg: Basisentwicklung, Triumph-Adler.

BALZERT, H. 1987. Software-Ergonomie und Software-Engineering. Berlin: De Gruyter.

BANNON, L.; CYPHER, A.; GREENSPAN, S. & MONY, M.L. 1983. Evaluation and analysis of user's activity organization. Institute for Cognitive Science, University of California, San Diego (=UCSD) (Schreibmaschinenkopie).

BARTLETT, F.C. 1932. Remembering. A study in experimental and social psychology. Cambridge: University Press. (Reproduktion: 1954).

BECKER H. et al. (Ed.) 1983. Psychosozial 18. Technologie und Kultur. Hamburg: Rowohlt.

BECKER-TÖPFER, E. 1985. Software-Ergonomie: Ein neuer Begriff in der gewerkschaftlichen Humanisierungsdiskussion? WSI-Mitteilungen, p. 476–481.

BENDA, H.v., BENDA, H.v., BRENNE, H., SCHWATLO, U. & SEELIGER, H. 1984. Zur Gestaltung der Dialog Schnittstelle für Bildschirm-Arbeitsplätze in der Verwaltung. Bonn: BMFT-Projekt FK 083061 4.

BELL, R.A. & BEVAN, W. 1968. Influence of anchors upon the operation of certain gestalt organizing principles. Journal of Experimental Psychology 78(4, part 1), 670–678.

BENZ, C. & HAUBNER, P. 1983. Codierungswirksamkeit bei Informationsdarstellungen in Bildschirmmasken. In: BALZERT, H. Software-Ergonomie. (=Tagungsbericht des German Chapter of the ACM, Nürnberg). Stuttgart: Teubner. p. 124–134.

BERTIN, J. 1982. Graphische Darstellungen und die graphische Weiterverarbeitung der Information. Berlin: De Gruyter (Orginal: 1977. La Graphique et le Traitement Graphique de l, Information. Paris: Flammerion).

BEWLEY, W.L.; ROBERTS, T.L.; SCHROIT, D. & VERPLANK, W.L. 1983. Human factors testing in the design of Xerox's 8010 „Star" office workstation. In: JANDA, R. (Ed.). Human factors in computing systems (=CHI'83 Conference Proceedings in Boston). Baltimore: Association for Computing Machinery (=ACM) P.O. Box 64145.p.72–77.

BIERBAUM, H.; BRUCKMEIER, K.; HERKOMMER, B.; HERKOMMER, S.; KÜRSCHNER, L.; LAMPRECHT, G.; STREHL, R. & VAN TREECK, W. 1980. Rationalisierung und menschengerechte Arbeitsgestaltung im öffentlichen Dienst. Eschborn: Rationalisierungskuratorium der Deutschen Wirtschaft. Manuskriptdruck Nr.670.

BOCK, M. 1983. Zur Repräsentation bildlicher und sprachlicher Information im Langzeitgedächtnis. In: ISSING, L.J. & HANNEMANN, L.(Ed.). Lernen mit Bildern. Sulzberg: Sulzberg-Druck.

BULLINGER, H.J. (Ed.) 1985. Software-Ergonomie 85.Stuttgart: Teubner.

CAHILL, M.C. 1975. Interpretability of graphic symbols as a function of context and experience factors. Journal of Applied Psychology 60, 376–380.

CAHILL, M.C. 1976. Design features of graphic symbols varying in interpretability. Perceptual & Motor Skills, vol.42(2), 647–653.

CAKIR, A. 1982. Wie wahrscheinlich ist die Zukunft der Bürokommunikation? Office Management 1982(4), 362–364.

CAKIR, A.; HART, D.J. & STEWART, T.F.M. 1980. Visual display terminals. A manual covering: Ergonomics, workplace design, health and safety, task organization. Chichester: Wiley.

CARD, S.K.1978. Studies in the psychology of computer text editing systems. Ann Arbor, Mi.1980: University Microfilms International (Doctoral Dissertation, Mikrofilm, Photodruck).

CARD, S.K.; MORAN, T.P. & NEWELL, A. 1980. Computer text editing: An information processing analysis of a routine cognitive skill. Cognitive Psychology 12, 32–74.

CARD, S.K., MORAN, T.P. & NEWELL, A. 1983. The psychology of human computer-interaction. Hillsdale, N.J.: Erlbaum.

CARON, J.P.; JAMIESON, D.G. & DEWAR, R.E. 1980. Evaluating pictographs using semantic differential and classification techniques. Ergonomics 23(2), 137–146.

CARROLL, W.E. & MACK, R.L. 1983. Actively learning to use a word processor. In: COOPER, W.E. (Ed.). Cognitive aspects of skilled typewriting. New York: Springer. p.259–282.

CASPERSON, R.C. 1950. The visual discrimination of geometrical forms. Journal of Experimental Psychology 40, 668–681.

CHOMSKY, N. & MILLER, G.A. 1963. Introduction to the formal analysis of natural languages. In: LUCE, BUSH & GALANTER (Ed.) Handbook of Mathematical Psychology (Band 2). New York: Wiley.

CLARK, H.H. & CLARK, E.V. 1977. Psychology and language. New York: Harcourt, Brace, Jovanovich.

CLAUSS, G.(Ed.) 1985[4]. Wörterbuch der Psychologie. Leipzig: VEB Bibliographisches Institut.

COLLINS, B.L. & LERNER, N.D. 1982. Assessment of fire safety symbols. Human Factors 24(1), 75–84.

CRAIK, F.I.M. & LOCKHART, R.S. 1972. Levels of processing: A framework for memory research. Journal of Verbal Learning and Verbal Behavior 11, 671–684.

CRIST, R.1975. Review and analysis of color coding. Human Factors 17(6), 542–570.

D'AGOSTINO, P.R.; O'NEILL, B.J. & PAIVIO, A. 1977. Memory for pictures and words as a function of level of processing: Depth or dual coding? Memory & Cognition 5(2), 252–256.

DEBUSMANN, E. 1984. Das VAB-Verfahren zur Analyse und Gestaltung von Bürotätigkeiten. Frankfurt. Campus.

DIETHELM, W. 1976[3]. Signet, Signal, Symbol. Gebrauchsgraphik und Werbung. Zürich: ABC Verlag.

DIRLICH, G., FREKSA, C., SCHWATLO, U. & WIMMER, K. (Ed.) 1986. Kognitive Aspekte der Mensch-Computer Interaktion. Berlin: Springer.

DIN 1980. Bildzeichenanwendung. Zuordnung von Bildzeichen. DIN 30602 Teil 1. Berlin: Beuth.

DOEHLER, A.F. 1981. Stand und Erfahrung mit Projekten der Büroautomatisierung. In: Wirtschaftsbeirat der Union e.V. (=WBU), Ausschuß für Forschung und Entwicklung (Ed.). Büroautomatisierung. Heft 13. München: WBU. p.83–112.

DRAKE, B.; SHAW, G. & MAYBLIN, B. 1979. Symbols, less of an art, more of a science. Design 367 July, 58 63.

DREYFUSS, H. 1972. Symbol sourcebook. New York: McGraw.

DU BOULAY, B.; O'SHEA, T. & MONK, J. 1981. The black box inside the glass box: Presenting computer concepts to novices. International Journal of Man-Machine Studies 14, 237–249.

DUNCKER, K. 1935. Zur Psychologie des produktiven Denkens. (Republikation: 1963. Berlin: Springer).

DUDEN 1982. Das Fremdwörterbuch. Mannheim: Bibliographisches Institut.

DUTKE, S. 1986. Analyse des Bedienungswissens für ein Textkommunikationsgerät. Vortrag präsentiert auf dem 5. Dresdner Symposium für Arbeits- und Ingeneurpsychologie, Februar 1986.

DZIDA, W. 1980. Kognitive Ergonomie für Bildschirmarbeitsplätze. Humane Produktion Humane Arbeitsplätze (10), 18–19.

EASON, K.D. & DAMODARAN, L. 1981. The needs of the commercial user. In: COOMBS, M.J. & ALTY, J.L. (Ed.). Computing Skills and the User Interface. London: Academic Press. p.115–139.

EASTERBY, R.S. 1967. Perceptual organization in static displays for man/machine systems. Ergonomics 10, 195–205.

EASTERBY, R.S. 1970. The perception of symbols for machine displays. Ergonomics 13(1), 149–158.

EASTERBY, R.S. & HAKIEL, S.R. 1981. Field testing of consumer safety signs: The comprehension of pictorially presented messages. Applied Ergonomics 12(3), 143–152.

EASTERBY, R.S. & ZWAGA, H.J.G. 1976. Evaluation of public information symbols. International Organization for Standardization Tests. Report no.60. Applied Psychology Department, University of Aston, Birmingham, GB.

ENGEL, G.H.; GROPPUSO, J.; LOWENSTEIN, R.A. & TRAUB, W.G. 1979. An office communications system. IBM Systems Journal 18(3), 402–431.

ERICSON, K & SIMON, H. 1980. Verbal reports as data. Psychological review 873, 215–251.

ERKE, H. 1975. Psychologische Grundlagen der visuellen Kommunikation. Braunschweig: Institut für Psychologie, Abteilung Angewandte Psychologie (unveröffentliches Manuskript).

ERKE, H. o. J. Piktogramme. Braunschweig: Institut für Psychologie, Abteilung Angewandte Psychologie (unveröffentlicher Manuskriptentwurf).

FÄHNRICH, K.P. & ZIEGLER, J. 1983. Die Benutzerschnittstelle des Arbeitsplatzrechners Xerox Star. Office Management 1983(12), 1068–1075.

FÄHNRICH, K.P. & ZIEGLER, J. 1985. Direkte Manipulation als Interaktionsform an Arbeitsplatzrechnern. In: BULLINGER, H. J. (Ed.). Software-Ergonomie. Stuttgart: Teubner. p. 75–85.

FISCHER, G. 1982. Mensch-Maschine Kommunikation. Theorien und Systeme. Stuttgart: Habilitationsschrift.

FISCHER, G. 1983. Entwurfsrichtlinien für die Software Ergonomie aus der Sicht der Mensch-Maschine Kommunikation (MMK). In: BALZERT, H. Software Ergonomie. (=Tagungsbericht des German Chapter of the ACM, Nürnberg). Stuttgart: Teubner. p. 30–48.

FRANKFURTER ALLGEMEINE ZEITUNG 1983. Ein Computer, den man nach einer Stunde beherrscht. Apple stellt sein neues Rechnersystem vor. F.A.Z. 21. Januar.

FOLEY, J. & SIBERT, J. 1982. How to design user computer interfaces. Washington: Computer Graphics Consultants. (Schreibmaschinenkopie).

FRESE, M. (Ed.) 1981. Stress im Büro. Stuttgart: Kohlhammer.

FREY, KUMPF, OCHSMANN & ROST-SCHAUDE 1976. Theorie der kognitiven Kontrolle. Regensburg: 30. Kongress der Deutschen Gesellschaft für Psychologie

FRIELING, E. & HOYOS, C. GRAF (Ed.) 1978. Fragebogen zur Arbeitsanalyse (FAA). Bern: Huber.

FRIELING, E., KANNHEISER, E., FACAOARU, C., WÖCHERL, H. & DÜRHOLT. E. 1984. Entwicklung eines theoriegeleiteten, standardisierten verhaltenswissenschaftlichen Verfahrens zur Tätigkeitsanalyse. Bonn: HDA-Projekt 01 HA 029. ZA-TAP-0015.

FRUTIGER, A. 1981. Zeichen, Symbole, Signete, Signale. Frankfurt: Stempel.

FUCHS, F. o. J. Graphical Symbols. Improvement of the IEC- Publication 416 presented for discussion. Erlangen: Siemens.

FURNAS, G.; GOMEZ, L.; LANDAUER, T. & DUMAIS, S. 1982. Statistical semantics: How can a computer use what people name things to guess what things people mean when they name things. In: ASSOCIATION FOR COMPUTING MACHINERY (Ed.) Human factors in computer systems. (=Conference Proceedings, Gaithersburg, Maryland). Baltimore: Association for Computing Machinery (=ACM). p. 251–254.

GAUGLER, E.; ALTHAUSER, U.; KOLB, M. & MALLACH, A. 1979. Rationalisierung und Humanisierung von Büroarbeiten. Forschungsbericht. München: Bayerisches Staatsministerium für Arbeit und Sozialordnung, Reg. Nr. 10/79/09.

GENTNER, D. & GENTNER, D.R. 1983. Flowing waters or teeming crowds: Mental models of electricity. In: GENTNER, D. & STEVENS, A.L. (Ed.). Mental models. Hillsdale, N.J.: Lawrence Erlbaum. p. 99–130.

GENTNER, D. & STEVENS, A.L. (Ed.) 1983. Mental models. Hillsdale, N.J.: Lawrence Erlbaum.

GILFOIL, D. 1982. Warming up to computers: A study of cognitive and affective interaction over time. In: ASSOCIATION FOR COMPUTING MACHINERY (Ed.) Human factors in computer systems. (=Conference Proceedings, Gaithersburg, Maryland). Baltimore: Association for Computing Machinery (=ACM). p. 245–250.

GOMBRICH, E.H. 1969. The evidence of images. In: SINGLETON, C.S. (Ed.). Interpretation: Theory and practice. Baltimore: John Hopkins Press. p. 35–104.

GOMBRICH, E.H. 1967. Kunst und Illusion. Köln: Kiepenheuer & Witsch.
GOODMAN, N. 1968. Languages of art: An approach to a theory of symbols. Indianapolis.
GREEN, P. & PEW. R.W. 1978. Evaluating pictograph symbols: An automotive application. Human Factors 20(1), 103–114.
GREEN, P. 1981. Display for automotive instrument panels: Production and rating of symbols. Ann Arbor: The HSRI Research Review 12 (1), 1–12.
GROCHLA, E., GÜRTH, H., REICHERTS, M. & TIEMEYER, E. 1983. Textverarbeitung im Büro. Braunschweig: Vieweg.
HABER, R.N. 1970. How we remember what we see. Scientific American 222, 104–112.
HACKER, W. 1980. Bedeutung der Analyse des Gedächtnisses für die Arbeits- und Ingeneurpsychologie – zu Gedächtnisanforderungen in der psychischen Regulation von Handlungen. In: KLIX, F. & SYDOW, H. (Ed.). Zur Psychologie des Gedächtnisses. Bern: Huber. p. 150–174.
HALASZ, F. & MORAN, T. 1982. Analogy considered harmful. In: ASSOCIATION FOR COMPUTING MACHINERY (Ed.) Human factors in computer systems. (=Conference Proceedings, Gaithersburg, Maryland). Baltimore: Association for Computing Machinery (=ACM). p. 383–386.
HALASZ, F.G. & MORAN, T.P. 1983. Mental models and problem solving in using a calculator. In: JANDA, R. (Ed.). Human factors in computing systems (= CHI'83 Conference Proceedings in Boston). Baltimore: Association for Computing Machinery (=ACM) P.O. Box 64145. p. 212–216.
HELBIG, M. 1982. Bürotechnik und Büroarbeit. Office Management 6, 634–636.
HEMENWAY, K. 1982. Psychological issues in the use of icons in command menus. In: ASSOCIATION FOR COMPUTING MACHINERY (Ed.) Human factors in computer systems. (=Conference Proceedings, Gaithersburg, Maryland). Baltimore: Association for Computing Machinery (=ACM). p. 20–24.
HOCHBERG, J. & BROOKS, V. 1960. The psychophysics of form: Reversible perspective drawings of spatial objects. American Journal of Psychology 73, 337–354.
HOPPE, U. & ZIEGLER, J. 1985. Formale Modelle der Mensch Computer-Interaktion. Stuttgart: Fraunhofer Institut IAO.
HUBEL, D.H. & WIESEL, T.N. 1968. Receptive fields and functional architecture in two nonstriate visual areas of the cat. Journal of Neurophysiology 28, 229–289.
HUTCHINS, E.L.; HOLLAN, J.D. & NORMAN, D.A. 1986. Direct manipulation interfaces. In: NORMAN, D.A. & DRAPER, W.F. (Ed.). User centered system design. Hillsdale, N.J.: Erlbaum. 87–126.
INSTITUT FÜR ANGEWANDTE ARBEITSWISSENSCHAFT (Ed.) 1978. Gestaltung und Organisation der Büroarbei in Industriebetrieben. Köln: Institutfür angewandte Arbeitswissenschaft, e.V.
JANDA, R. (Ed.) 1983. Human factors in computing systems (=CHI'83 Conference Proceedings in Boston). Baltimore: Association for Computing Machinery (=ACM) P.O. Box 64145.
KIERAS, D.E. & POLSON, P.G. (in press). An approach to the formal analysis of user complexity. International Journal of Man Machine Studies.
KLIMESCH, W. 1982. Die semantische Enkodierung von Bildern. Zeitschrift für experimentelle und angewandte Psychologie, 24 472–504.
KLIX, F. & SYDOW, H. (Ed.) 1980². Zur Psychologie des Gedächtnisses. Bern: Huber.
KLOIDT 1954. Die Bürowirtschaftslehre und ihre Pflege an den Hochschulen. In: Jahrbuch der Bürowirtschaft 55, Berlin. p. 462–469.

KOFFKA, K. 1935. Principles of gestalt psychology. (Reproduktion: 1950. London: Ruthledge & Kegan Paul).

KOLERS, P.A. 1969. Some formal characteristics of pictograms. American Scientist 57(3), 348–363.

KOLB, J. 1967. Symbols in machine control speak in all languages. Product Engineering 38, 100–102.

KOMBRECHT, E. (Ed.) 1979. Sekretariatskunde für Sekretärinnen. Heidenheim: Sekretärinnenverlag Kombrecht.

KRAMPEN, M. 1969. The production method in sign design research. Print 23(6), 59–69.

LEWIS, C. & MACK, R. 1982. Learning to use a text processing system: Evidence from „thinking aloud" protocols. In: ASSOCIATION FOR COMPUTING MACHINERY (Ed.) Human factors in computer systems. (=Conference Proceedings, Gaithersburg, Maryland). Baltimore: Association for Computing Machinery (=ACM). p. 387–392.

LIM, K.T.; WISEMAN, B.E.; McKENZIE, K.V. & KLONICK, J.A. 1983. Apple computer announces Lisa – a people literate computer. Nielsen Dataquest Research Newsletter 2o. January 1983.

LINDSAY, P.H. & NORMAN D.A. 1981. Einführung in die Psychologie. Informationsaufnahme und -verarbeitung beim Menschen. Berlin: Springer. (Orginal: 1977[2]. Human information processing. New York: Academic Press).

LLOYD, B.B. 1972. Perception and cognition. A crosscultural perspective. London: Cox & Wyman.

LUTZ, W. & SCHEIRER, C.J. 1974. Coding processes of pictures and words. Journal of Verbal Learning and Verbal Behavior 13, 316–320.

MACCOBY, E.E. & MACCOBY, N. 1966. Das Interview: Ein Werkzeug der Sozialforschung. In: KÖNIG, R. (Ed.). Das Interview. Köln: Kiepenheuer & Witsch.

MALONE, T. 1982. Heuristics for designing enjoyable user interfaces: Lessons from computer games. In: ASSOCIATION FOR COMPUTING MACHINERY (Ed.) Human factors in computer systems. (=Conference Proceedings, Gaithersburg, Maryland). Baltimore: Association for Computing Machinery (=ACM). p. 63–68.

MALONE, T.W. 1983. How do people organize their desks? Implications for the design of office information systems. ACM Transactions on Office Information Systems 1983(1).

MARR, R. & REICHWALD, R. (Ed.) 1982. Neue Systeme der Bürotechnik. Beiträge zur Büroarbeitsgestaltung aus Anwendersicht. (Band 1). Berlin: Schmidt.

MARTIN, J. 1973. Design of man-computer dialogues. London: Prentice-Hall.

MEAD, M. & MODLEY, R. 1968. Communication among all people, everywhere. Natural History, 77(7), 56–63.

METZGER, W. 1953. Gesetze des Sehens. Frankfurt: Kramer.

MINTZBERG, H. 1973. The nature of managerial work. New York: Harper & Row.

MODLEY, R. & LOWENSTEIN, D. 1952. Pictographs and graphs. New York: Harper & Brothers Publishers.

MODLEY, R. & MYERS, W.R. 1976. Handbook of pictorial symbols. 3250 examples from international sources. New York: Dover Publications.

MORAN, T.P. 1981. An applied psychology of the user. Computing Surveys 13(1), 1–11.

MORGENBROD, H.G. & SCHWÄRZTEL H.G. 1982. Bedarfsgerechte Entwicklung neuer Kommunikationstechnologien aus der Sicht der industriellen Büroorganisation. In: MARR, R. & REICHWALD, R. (Ed.) Neue Systeme der Bürotechnik. Beiträge zur Bürogestaltung aus Anwendersicht. Berlin: Schmidt. p. 235–254.

NAFFAH, N. 1983. LEA: A language for multiapplication interaction on the buroviseur. In: BALZERT, H. Software-Ergonomie. (=Tagungsbericht des German Chapter of the ACM, Nürnberg). Stuttgart: Teubner. p. 49–69.

NEISSER, U. 1967. Cognitive Psychology. New York: Meredith Publishing Company. (Übersetzung: 1974. Kognitive Psychologie. Stuttgart: Klett).

NEISSER, U. 1979. Kognition und Wirklichkeit. Prinzipien und Implikationen der kognitiven Psychologie. Stuttgart: Klett. (Orginal: Cognition and reality. San Francisco: Freeman).

NEWELL, A. & SIMON, H. 1972. Human problem solving. Englewood Cliffs, N.J.: Prentice Hall.

NELSON, T.O.; METZLER, J.; REED, D.A. 1974. Role of details in long-term recognition of pictures and verbal descriptions. Journal on Experimental Psychology 102(1), 184–186.

NICKERSON, R.S. 1965. Short term memory for complex meaningful visual configurations. A demonstration of capacity. Canadian Journal of Psychology 19, 155–160.

NORMAN, D.A. 1982(a). How to make computer systems that people will like to use: Steps toward a cognitive engineering. La Jolla: Institute for Cognitive Science c-015, University of California, San Diego, Ca, 92093.

NORMAN, D.A. 1982(b). Steps toward a cognitive engineering: Design rules based on the analysis of human error. In: ASSOCIATION FOR COMPUTING MACHINERY (Ed.) Human factors in computer systems. (=Conference Proceedings, Gaithersburg, Maryland). Baltimore: Association for Computing Machinery (=ACM). p. 378–382.

NORMAN, D.A. 1983(a). Design principles for human-computer interfaces. In: JANDA, R. (Ed.). Human factors in computing systems (=CHI'83 Conference Proceedings in Boston). Baltimore: Association for Computing Machinery (=ACM) P.O. Box 64145. p. 1–10.

NORMAN, D.A. 1983(b). Some observations on mental models. In: GENTNER, D. & STEVENS, A.L. (Ed.). Mental models. Hillsdale, N.J.: Lawrence Erlbaum. p. 7–14.

NORMAN, D.A. & RUMELHART, D.E. (Ed.) 1978(a). Strukturen des Wissens. Stuttgart: Klett. (Orginal: 1975. Explorations in Cognition. San Francisco: Freeman).

NORMAN, D.A. & RUMELHART, D.E. 1978(b). Das aktive strukturelle Netz. In: NORMAN, D.A. & RUMELHART, D.E. (Ed.) 1978. Strukturen des Wissens. Stuttgart: Klett. p. 51–77.

NORMAN, D.A. & DRAPER, W.F. (Ed.) 1986. User centered system design. New persectives on human computer interaction. Hillsdale, N.J.: Erlbaum.

NULLMEIER, E. 1986. Modelle der Mensch-Rechner-Interaktion. In: ROLF, A. (Ed.). Neue Techniken alternativ. Hamburg: VSA.

O'MALLEY, C.; SMOLENSKY, P.; BANNON, L.; CONWAY, E.; GRAHAM, J.; SOKOLOV, J. 1983. A proposal for user centered system documentation. In: JANDA, R. (Ed.). Human factors in computing systems (= CHI'83 Conference Proceedings in Boston). Baltimore: Association for Computing Machinery (=ACM) P.O. Box 64145. p. 282–285.

ORTMANN, G. 1984. Der zwingende Blick: Personalinformations Systeme – Architektur einer Disziplin. Frankfurt: Campus.

OSGOOD, C.E.; SUCI, G. & TANNENBAUM, P. 1957. The measurement of meaning. Urbana, Ill.: University of Illinois Press.

PAIVIO, A. 1969. Mental imagery in associative learning and memory. Psychological Review 76, 241–263.

PAIVIO, A. 1975. Coding distinctions and repetition effects in memory. In: BOWER, G. (Ed.) The Psychology of Learning and Motivation. Englewood Cliffs, N.J.: Prentice-Hall. p.179–214.

PALMER, S.E. 1975. The effects of contextual scenes on the identification of objects. Memory & Cognition 3(5), 519–526.

PALMER, S.E. 1978. Visuelle Wahrnehmung und Wissen: Notizen zu einem Modell der sensorisch-kognitiven Interaktion. In: NORMAN, D.A. & RUMELHART, D.E. (Ed.) 1978. Strukturen des Wissens. Stuttgart: Klett. p.281–307.

PETERS, T. 1973. Arbeitswissenschaft für die Büropraxis. Handbuch der Büromedizin und -ergonomie. Herne: Schilling.

POTTER, M.C. 1976. Short-term conceptual memory for pictures. Journal of Experimental Psychology: Human Learning and Memory 2(5), 509–522.

POTTER, M.C. & FAULCONER, B.A. 1975. Time to understand pictures and words. Nature 253, 437–438.

RANK XEROX o.J. Netzwerk-System Xerox 8000. Xerox 8010 Informationssystem. Düsseldorf: Rank Xerox GmbH.

RICH, E. 1983. Users are individuals: Individualizing user models. International Journal of Man-Machine Studies 18, 199–214.

RIPS, L.J.; SHOBEN, E.J. & SMITH, E.E. 1973. Semantic distance and the verification of semantic relations. Journal of Verbal Learning and Verbal Behavior 12, 1–20.

RÖDIGER, K.H.; NULLMEIER, E. & OESTERREICH, R. 1986. Verfahren zur Ermittlung von Regulationserfordernissen in der Arbeitstätigkeit im Büro. Berlin: TU-Berlin, Fachbereich Informatik.

ROHR, G. 1984. Understanding visual symbols. Proceedings of the IEEE 1984. Workshop on visual languages. Silver Spring M.D.: IEEE.

ROHR, G. & TAUBER, M. 1985. Virtual objects and virtual places. Vortrag präsentiert auf dem MACINTER- Workshop „Knowledge and Visual Information Representation" September 1985 in Stuttgart.

ROLF, A. (Ed.) 1986. Neue Techniken alternativ. Hamburg: VSA.

ROOT, R.W. & DRAPER, S. 1983. Questionaires as a software evaluation tool. UCSD HMI project (Schreibmaschinenkopie).

ROSCH, E. 1975. Cognitive representations of semantic categories. Journal of Experimental Psychology: General 104(3), 192–233.

RYAN, T.A. & SCHWARTZ, C.B. 1956. Speed of perception as a function of mode of representation. American Journal of Psychology 69, 60–69.

SAUTER, R. & WEYDERT, J. 1986. Die Entwicklung einer Mensch Maschine Schnittstelle und ihr Einfluss auf das Benutzermodell. 5. MMK-Tagung in Hohenwart 1985. Schreibmaschinenkopie.

SCHANK, R.C. & ABELSON, R. 1977. Scripts, plans, goals and understanding. Hillsdale, N.J.: Lawrence Erlbaum.

SCHNUPP, P. 1982. Neue Entwicklung der Büroautomation. Office Management 2, 142–145.

SCHWATLO, U. & STAUFER, M.J. 1986. Benennung, Produktion und Evaluation von Piktogrammen für multifunktionale Bürosysteme. Forschungsbericht FB-TA-86 3. Nürnberg: TA Triumph-Adler AG, Basisentwicklung.

SEYBOLD, J. 1981. Xerox's Star. In: The Seybold Report, Media, PA: Seybold Publications, vol 10, no. 16.

SHEPARD, R.N. 1967. Recognition memory for words, sentences and pictures. Journal of Verbal Learning and Verbal Behavior 6, 156–163.
SIEMENS 1983. Werkzeug für Ideen ... Arbeitsplatzsysten 5815. Siemens AG, Privat- und Sonderkommunikationsnetze, Hofmannstr. 51, 8000 München 70.
SMITH, D.C. 1977. Pygmalion. A computer programm to model and stimulate creative thought. Stuttgart: Birkhäuser.
SMITH, D.C.; IRBY, C.; KIMBALL, R.; VERPLANK, B. & HARSLEM, E. 1982. Designing the star user interface. BYTE Publications 1982(4), 242–280.
SMITH, E.E. 1978. Theories of semantic memory. In: ESTES, W.K. (Ed.). Linguistic functions in cognitive theory. Handbook of learning and cognitive processes. Vol. 6. Hillsdale, N.J.: Lawrence Erlbaum.
SHNEIDERMAN, B. 1974. A computer graphics system for polynomials. The mathematics teacher, 67, 2, 111–113.
SHNEIDERMAN, B. 1979. Human factors experiments in designing interactive systems. Computer 1979(12), 9–19.
SNEIDERMAN, B. 1982. The future of interactive systems and the emergence of direct manipulation. Behavior and Information Technology, 1, 237–256.
SNEIDERMAN, B. 1983. Direct manipulation: A step beyond programming languages. IEEE Computer, 16, 8, 57–69.
STANDING, L. 1973. Learning 10000 pictures. Quarterly Journal of Experimental Psychology 25, 207–222.
STANDING, L.; CONEZIO, J. & HABER, R.N. 1970. Perception and memory for pictures: Single-trial learning of 2500 visual stimuli. Psychonomic Science 19(2), 73–74.
STEVENS, S.S. 1962. The surprising simplicity of sensory metrics. American Psychologist 17, 29–39.
STEWART, T.F.M. 1979. Visual communication. London: Butler, Cox and Partners. (Schreibmaschinenkopie).
STIEBNER, E.D. & URBAN, D. 1982. Zeichen und Signets. Eine Sammlung internationaler Beispiele. München: Bruckmann.
STAUFER, M.J. 1986. Das mentale Modell als Ausgangspunkt zu einem benutzerfreundlichen Reiseberatungs System. In: DIRLICH, G. et al. (Ed.): Kognitive Aspekte der Mensch-Computer-Interaktion. Berlin: Springer. p. 111–124.
STREITZ, N.A. 1985 a. Die Rolle von mentalen und konzeptuellen Modellen in der Mensch-Computer-Interaktion: Konsequenzen für die Software-Ergonomie? In: BULLINGER, H.J. (Ed.): Software-Ergonomie 85. Stuttgart: Teubner. p. 280–292.
STREITZ, N.A. 1985 b. Metaphors, analogies and mental models: Implications for the design of adaptive user interfaces. Vortrag präsentiert auf dem Symposium „Learning issues for intelligent tutoring systems" Tübingen, Juni 1985.
SUCHMAN, L.A. 1983. Office procedure as practical action: Models of work and system design. ACM Transactions on Office Information Systems 1(4), 320–328.
SZYPERSKI, N.; GROCHLA, E.; HÖRING, K. & SCHMITZ, P. 1982. Bürosysteme in der Entwicklung. Studien zur Typologie und Gestaltung von Büroarbeitsplätzen. Braunschweig: Vieweg & Sohn.
TAUBER, M.J. 1985. Mentale Modelle als zentrale Fragestellung der kognitiven Ergonomie. In: BULLINGER. H.J. (Ed.): Software-Ergonomie 85. Stuttgart: Teubner. p. 293–302.
TAYLOR, F.W. 1911. Die Grundsätze wissenschaftlicher Betriebsführung. (Republikation: 1977. Weinheim: Beltz).

TERWILLIGER, R.F. 1963. Pattern complexity and affective arousal. Perceptual and Motor Skills 17, 387 392.

THORNDIKE, P.W. & HAYES-ROTH, B. 1979. The use of schemata in the acquisition and transfer of knowledge. Cognitive Psychology 11, 82–106.

TROY, N. 1983. Computergerechte oder menschengerechte Lösungen: Psychologische Probleme der Büroautomation. In: BECKER H. et al. (Ed.). Psychsozial 18. Technologie und Kultur. Hamburg: Rowohlt. p.51–69.

VAN COTT, H. & KINKADE, R. (Ed.) 1972. Human engineering guide to equipment design. US Government Printing Office, stock number 008–051–00050–0.

VERNON, M.D. 1974. Wahrnehmung und Erfahrung. Köln: Kiepenheuer & Witsch. (Original: 1970. Perception through Experience. London: Menthuen).

VOLPERT, W. 1983. Denkmaschinen und Maschinendenken: Computer programmieren Menschen. In: BECKER H. et al. (Ed.). Psychsozial 18. Technologie und Kultur. Hamburg: Rowohlt.

WAERN, Y. 1985: Learning computerized tasks as related to prior task knowledge. International Journal of Man-Machine Studies 22, 441–445.

WAERN, Y. & RABENIUS, L. 1985. On the role of models in instructing novice users of a word processing system. Schreibmaschinenkopie. Stockholm: University of Stockholm, Department of Psychology.

WALTHER, G.H. & O'NEILL, H.F. 1974. On-line user computer interface – the effect of interface flexibility, terminal type, and experience on performance. AFIPS Conference Proceedings, Vol. 43, NCC. p.379–384.

WEIZENBAUM, J. 1977. Die Macht der Computer und die Ohnmacht der Vernunft. Frankfurt: Suhrkamp.

WELTZ, F. & LULLIES, V. 1983. Innovation im Büro. Frankfurt: Campus.

WERTHEIMER, M. 1923. Untersuchungen zur Lehre von der Gestalt. Psychologische Forschung 4, 301–351.

WICKELGREN, W.A. 1979. Cognitive psychology. Englewood Cliffs, N.Y.: Prentice-Hall.

WILLIAMS, M.D.; HOLLAN, J.D. & STEVENS, A.L. 1983. Human reasoning about a simple physical system. In: GENTNER, D. & STEVENS, A.L. (Ed.). Mental models. Hillsdale, N.J.: Lawrence Erlbaum. p.131–154.

YOUNG, R.M. 1983. Surrogates and mappings: Two kinds of conceptual models for interactive devices. In: GENTNER, D. & STEVENS, A.L. (Ed.). Mental models. Hillsdale, N.J.: Lawrence Erlbaum. p. 35–52.

Sachregister

Ablage 153, 162, 166
Ablagesysteme 144 f.
Abstrahierung 8
Abstraktheit 68, 111
Abstraktion 5
Abstraktionsgrade 7
Ähnlichkeit, funktionale 60, 108
Aktionen 113 ff.
Aktivitäten, informelle 29
–, kognitive 50
Akzeptanz 32, 58
Alter 38
Analogie 40 f., 73, 80
–, anschauliche 34
Anfänger 33, 85
Angst 37, 85
Anordnung, räumliche 58
Anschaulichkeit 6
Anwendung, praktische 135 ff.
Arbeitsanalyse 92 f.
Arbeitsaufgabe 41 ff., 74, 76, 80, 128
Arbeitsbereich 91
Arbeitskontext 74
Arbeitstätigkeit 133
Arbeitsvorgang 127
Assoziationsnormen 127
Asymmetrie 106
Aufgabenausführung, reale 152
Aufgabenkontext 142
Aufgabenprofil 43
Aufgabentypen 21
Aufgabenwissen 84, 87
Aufmerksamkeitsverteilung 51
Ausschmückung 70
Auswahl-Antwort-Zeitverhalten 121 ff.
Auswahlmethode 121
Autonomie 99

Bedienungshandbuch 79
Bedeutung, propositionale 57
Bedeutungshaltigkeit 116, 120, 126
Befragung 89, 138
Benennung(en) 136 ff., 140, 153
Benutzer 31 ff.
Benutzerbedürfnisse 32
Benutzergruppen 20
Benutzermodell 93
Benutzeroberfläche 31
Benutzerorientierte Gestaltung 32
Beobachtung 92
Berufsgruppen 20
Beschreibung, verbale 95
Bewegungsform 108
Bildergedächtnis 67
Bildermodalität 50
Bildersprache 8
Blinken 110
Brainstorming 98
Büro, Informationsfluß 19
Büroaufgabe 82
Bürobegriff 139
–, Definition 18 ff.
Bürocomputer 13, 17
Bürofunktion 26
Büroobjekte 27 ff., 143 ff., 147, 162
Bürosystem, Entwicklung 18
Bürosystem M 32 135
Bürotätigkeit 27, 88

clerical worker 23
Computer-Spiele 39, 84
Cursor 115

Darbietungsmodus 119
desk-top-Analogie 162
Detail 9, 67, 110, 125
Detailliertheitsgrad 68
Detailreichtum 70
Differential, semantisches 126
Diskontinuität 106
Diskriminationsaufgaben 123
Distanz, formale 85
Dreieck 102

Effekte, auditorische 40
Einarbeitung 78
Einfachheit 107
Einführung, partizipative 37
Einstellung zum Computer 36
Ellipse 102
Enkodierung 53
Entwicklungsprozeß 131
Erfahrung mit Computern 33
Ergonomie 1
Erkennbarkeit 12, 119
Erkenntnistätigkeit 5
Erkennungszeichen 12
Erkundungsbewegungen 74
Erwartungen 48, 73, 75
Evaluation 98, 142 ff., 162
–, qualitative 131
–, quantitative 131
Evaluierungskriterien 119
Evaluierungsprozeß 128 f.
Experten 33, 85
Expertengespräch 143

Fachaufgabe 21, 23
Fachleute 43
Farbe 78, 99, 109 f.
Fehler 85
Figur-Grund-Beziehung 102
Form 110
Formalisierung 8
Frage, geschlossene 90
–, offene 90
Fragebogen 89
Freiheitsgrade 42
Führungsaufgabe 21, 43
Führungskräfte 22

Gedächtnis 57, 65 ff.
–, episodisches 66
–, semantisches 66
Gedächtnisleistung 70
Gedächtnisschwäche 39
Gelegenheitsbenutzer 36, 85
Geschlossenheit 105
Gestaltpsychologie 101
Gestaltung 101
–, benutzerorientierte 32
Gestaltungsmöglichkeit 79
Gestaltungsspielraum 58, 99
Gleichheit 108
Größe 109 f.

Handlungsplan 74, 88, 91 f.
Hilfsfunktion 21
human interface 32

Icon, Ikon 7
Ideogramme 7
Imagery-System 53
Information, visuelle 46
Informationspolitik 37
Informationssuche 23
Informationsverarbeitung 45
–, datengesteuerte 46
–, erwartungsgeleitete 46
–, konzept-geleitete 48 f.
–, menschliche 46 ff.
Intelligenz 41
Interaktion 76
Interaktionsproblem 76
Interaktions-Wissen 34, 84
Interview 89 ff., 137 f., 143
–, freies 90
–, standardisiertes 90

Kapazität für Bilder 66
Karikatur 111
Klassifikation 97, 110
Kognitive Psychologie 45
Kognitive Verarbeitung 45
Kommunikationszeichen, internationale 10
Komplexität 101
–, mentale 79
– der Arbeit 40
Komponenten, graphische 102
Konfigurierbarkeit 44
Konsistenz 117
–, logische 143
Kontinuität 105
Kontrastbegrenzung 103
Kontrolle 37, 44
Kontur 103 ff.
Kraftfahrzeug 12
Kreuz 102

Kurzzeitgedächtnis 65, 71

Langzeitgedächtnis 65
Leistungsmerkmale, spezielle 149
Leitbediener 78
Leitsystem 10 f.
Lernaufwand 38, 123
learning by doing 79
Lesbarkeitsentfernung 125
Leuchteigenschaften 108
Leuchtkraft 110
Linienbegrenzung 103, 105
Linienführung 108
Lokalisation 58

Management 22
Manipulation, direkte 82 ff.
Maus 85
Mehrfach-Wahl-Verfahren 121
Mensch-Computer-Interaktion 46, 75
Mensch-Computer-Schnittstelle 31
Mensch-Maschine-Schnittstellen 2
menu versus workspace 35
Merkmale, konstituierende 57
–, propositionale 57
Metapher 73, 81
Mischarbeitsplatz 25
Modell(e) 50, 73, 81 f.
–, konzeptuelles 77
–, mentales 73, 75 ff., 82, 87, 92
– des Benutzers 77
– des Entwerfers 77 f.
Motivation 39
Multiple-Choice-Verfahren 121

Nähe 108
Netzwerke, semantische 57
Normung 8

Objekte 113 ff.
Observation, explorative 88
Olympische Spiele 10
Operationen 113
Ordnungsstruktur 110 f.
Orientierung 107
Orientierungssystem 10

Paarassoziationsaufgaben 123
Paarassoziations-Lernaufgaben 123
Papierkorb 146, 165
Piktogramm, Anwendungsbereiche 17
–, Definition 5
–, historische Entwicklung 7 ff.
–, statisches 59
Piktogrammentwicklung 131 ff.
Piktogrammentwürfe 155
Piktogrammevaluierung 119 ff.
Piktographie 7
Platzbedarf 12, 114
Position 111
Post, elektronische 83
Postausgang 148, 163 f.
Posteingang 148, 163 f.
Problemlösen 41
Produktion 95 ff., 141
Produktionsmerkmale 95, 141
Prototyp(en) 61 ff., 81, 128
–, semantische 60 ff.
Prägnanz 125
–, graphische 101, 125

Rangordnung 124
Rating 123 f.
Raumtiefe 109
Raute 102
Rechteck 102
Redundanzeffekte 71
Registratur 144 f.
Repräsentationsformen 57, 67

Sachaufgabe 23
Sachbearbeitungsaufgabe 21
Sachproblem 76
Schablonenschema 47
Schema 60, 74, 76, 134
Schilder 9
Schnittstelle 31
–, Definition 31
–, persönliche 43
Schnittstellenentwerfer 87
Schnittstellen-Entwurf 79, 81
Schreibtisch, elektronischer 135, 149
Schrift 7
Sekretärin 23 f.

Shortcuts 35
Sicherheit, subjektive 128
Sicherheitszeichen 12
Signal 7
Software-Ergonomie 1, 17
Sprache 5
Standard 100, 141
Standardisierung 100
Stern 102
Stil 110
Stilisierung 111
Strichdicke 99
Struktur, externe 112
–, innere 109
–, konstituierende 57
Strukturiertheit 42
Symbol 7
Symmetrie 106
System M 32 135 ff.
System-Entwerfer 34
Systementwicklung 87

Texterstellung 25
Textverarbeitung 23 f., 36
Tiefe 110
Training 73
Transfer-Effekte 80
Typikalität 61 ff.

Ultrakurzzeitgedächtnis 65
Umfeld, semantisches 97
Unterscheidbarkeit 68, 78
Unterstützungsaufgabe 21

Verarbeitungsebene 50 ff.
Verarbeitungsmechanismus 51, 56
Verarbeitungstiefe 52 ff.
Verarbeitungszentren, neuronale 47
Verbal-System 53
Verknüpfung, syntaktische 112, 116
Verständlichkeit 117, 119
Verständnis des Systems 33
Verständnismethode 120
Visualisierungsmöglichkeit 96
Vorerfahrung 75, 100
Vorstellung(en) 48, 50, 75, 87 ff., 91, 93
Vorwissen 48, 73, 116

Wahrnehmung 46, 74
Wahrnehmungszyklus 74
Wiedererkennungsmethode 120
Wissen, aufgabenrelevantes 34

Zeigeinstrument 85
Zeittest 121 ff.
Zuordnungsmethode 121

W DE G

Walter de Gruyter
Berlin · New York

FSC
www.fsc.org
MIX
Papier | Fördert
gute Waldnutzung
FSC® C083411

Zeitfracht Medien GmbH
Ferdinand-Jühlke-Straße 7
99095 Erfurt, Deutschland
produktsicherheit@kolibri360.de